ISABEL NITZSCHE

Spielregeln im Job
durchschauen

ISABEL NITZSCHE

Spielregeln im Job *durchschauen*

Frauen knacken den **Männer-Code**

Kösel

Manche Namen der für dieses Buch interviewten Frauen wurden von der Autorin geändert.

MIX
Papier aus verantwortungsvollen Quellen
FSC® C014496

Verlagsgruppe Random House FSC-DEU-0100
Das für dieses Buch verwendete FSC®-zertifizierte Papier *Classic 95* liefert Stora Enso, Finnland.

Umschlag: Weiss Werkstatt, München
Umschlagmotiv: Ocean/Corbis
Druck und Bindung: GGP Media GmbH, Pößneck
Printed in Germany
ISBN 978-3-466-30941-2

www.koesel.de

Inhalt

Vorwort

Sie ärgern sich, dass Ihr Kollege für die Idee gelobt wird, die Sie selbst zehn Minuten vorher präsentiert hatten – ohne dass das bei Ihrem Vorgesetzten auf Interesse stieß? Sie verstehen nicht, dass Männer bei Meetings zum fünften Mal das wiederholen, was schon vier Vorredner von sich gegeben haben? Oder Sie können sich nicht erklären, warum Ihre Arbeit fürs Team nicht angemessen gewürdigt wird?

Willkommen im Klub der vielen beruflich engagierten Frauen, die nicht nachvollziehen können, warum ihnen das Prinzip »Leistung« anders als in der Schule oder an der Universität in ihrem Job nicht längst zu mehr Ruhm, Ansehen und Ehre verholfen hat. Schließlich sind Männer und Frauen doch laut Grundgesetz gleichberechtigt, die Emanzipation der Frauen ist seit den 70er-Jahren des vergangenen Jahrhunderts weiter fortgeschritten und modern geführte Unternehmen verfügen über Diversity-Konzepte, die alle Mitarbeiter unabhängig von Geschlecht, Herkunft oder sexueller Orientierung gleichermaßen einbinden möchten.

Doch nicht nur bei Menschen, auch bei Unternehmen und Organisationen zeigen sich im Arbeitsalltag Widersprüche. Ein Managementansatz wird nicht komplett vom nächsten abgelöst, sondern bleibt in vielen Köpfen zunächst weiter aktiv, sodass im Unternehmen oft unterschiedliche Rollenerwartungen nebeneinander existieren. Und häufig wird dann doch nach den traditionellen Regeln der meist männlichen Mehrheit im Business gespielt – ohne dass das für alle Beteiligten immer offensichtlich wäre. Das kann man beklagen, aber es hilft nicht weiter. Neben Maßnahmen auf gesellschaftlicher und auf Organisationsebene ist Selbstcoaching gefragt.

Dieses Buch will Sie dabei unterstützen, die wichtigsten männlich geprägten informellen Macht-Spielregeln in Organisationen zu erkennen. Es geht darum, dass Sie ein besseres Verständnis dafür bekommen, wie Männer im Job »ticken«, um so cleverer voranzukommen. »Opferhaltung« ist passé, es ist wichtiger, sich über das System und seine Mitspieler klar zu werden und die eigenen Spielzüge schlau zu planen. Finden Sie spielerisch Ihre eigene Position und probieren Sie neue Handlungsoptionen aus, die zu Ihnen und Ihrem Verhalten passen. In diesem Sinne: Knacken Sie den Männer-Code. Aber wie Sie das Spiel spielen wollen, bestimmen Sie!

Viel Erfolg und viel Spaß dabei wünscht Ihnen

Isabel Nitzsche

München, im August 2011

Frauen und Karriere: Die wichtigsten Fragen zum Thema »Spielregeln im Job«

In den letzten Jahren habe ich viele Vorträge und Workshops zum Thema »Spielregeln im Job« gehalten und dabei intensiv mit den Teilnehmerinnen diskutiert. Folgende Fragen waren dabei besonders wichtig:

»Männer handeln anders im Job als Frauen« – ist diese Sicht nicht überholt? Jeder ist doch schließlich ein Individuum!

Natürlich ist nicht alles schwarz-weiß. Männer haben auch weibliche Anteile und Frauen männliche. Und nicht nur die Frauen haben in den letzten Jahrzehnten versucht, ihr Rollenrepertoire zu erweitern, auch ein Teil der Männer ist weniger traditionell in seinen Ansichten und unterstützt Frauen privat und/oder beruflich. Doch zeigt der Austausch in den Workshops immer wieder, wie deutlich Frauen männliches Verhalten im Job anders als ihr eigenes empfinden. Und zwar interessanterweise über alle Branchen hinweg. Auch wenn die Spielregeln vor allem in größeren, traditionelleren Unternehmen gelten, sind sie in modernen Branchen oft genauso vorhanden. Sie fallen dort nur weniger ins

Auge, da die Strukturen häufig nicht so sichtbar sind und das Arbeitsklima lockerer ist.

Die Wahrscheinlichkeit, im Job auf einem Spielfeld zu landen, auf dem nach männlichen Regeln gespielt wird, ist in Deutschland, aber auch international, immer noch hoch. Denn: Frauen müssen leider draußen bleiben – das gilt nach wie vor für die meisten Chefetagen.

Laut einer Studie des Deutschen Instituts für Wirtschaftsforschung in Berlin von 2010 sind nur 2,5 Prozent aller Vorstandsmitglieder der 200 größten Unternehmen (ohne Finanzsektor) weiblich. Zu ähnlichen Werten kommt die Erhebung »Women Matter 4« der Unternehmensberatung McKinsey 2010. Sie führt für Deutschland zwei Prozent Frauen in Vorständen auf – ebenso viele wie für Indien. Brasilien, Frankreich, Spanien und China liegen deutlich unter zehn Prozent, Russland liegt bei elf Prozent, Norwegen bei zwölf, in den USA und Großbritannien sind es je 14 Prozent, Schweden ist mit 17 Prozent Spitzenreiter. Insgesamt besetzen Frauen hierzulande nur 26,5 Prozent der Führungspositionen. Im europäischen Vergleich liegt Deutschland damit hinter Bulgarien und Litauen.

Das verwundert nicht: Die Psychologin Nathali Klingen hat in einer 2001 erschienenen Untersuchung festgestellt, dass eine erhebliche Diskrepanz zwischen postulierten »weichen« Werten und ihrer tatsächlichen Verbreitung in den Führungsebenen besteht. Untersuchungen belegen, dass erfolgreiche Manager nach wie vor durch das Vorhandensein sogenannter maskuliner Eigenschaften und das Fehlen femininer Eigenschaften charakterisiert werden. Klingen zieht daraus den Schluss, dass die Wahrnehmung und Bewertung von Führungsverhalten eng mit der Wahrnehmung des geschlechtlichen Verhaltens und den Erwartungen an die Geschlechterrollen verknüpft ist. Allerdings seien diese Erwartungen zum Großteil unbewusst. An diesen Befunden hat sich in Deutschland bis heute nicht sehr viel geändert.

Die Verhaltensweisen in der Wirtschaft haben sich über die Jahrhunderte hinweg unter Männern herausgebildet. Sollen sich die Frauen jetzt immer noch den Männern anpassen?

Jetzt könnten sich doch erst einmal die Männer ändern, warum sollen Frauen weiter nach ihrer Pfeife tanzen und nach ihren Regeln spielen? Berechtigte Frage! Nur leider werden sich die Männer im Job erst dann ändern und Frauen von sich aus das Mitspielen erleichtern, wenn sie eine starke Notwendigkeit dafür sehen. Das könnte bald der Fall sein, wenn zunehmend qualifizierte Frauen in der Wirtschaft fehlen. Schon jetzt raten diverse Personalberater, die Bundesagentur für Arbeit, das Deutsche Institut für Wirtschaftsforschung und das Weltwirtschaftsforum zusammen mit der Unternehmensberatung Boston Consulting Group den Unternehmen, sich verstärkt nach qualifizierten Frauen als Arbeitskräften umzusehen, um diesen Mangel zu beheben.

Die Telekom hat 2010 eine Quote eingeführt. Ein Drittel der oberen und mittleren Führungspositionen soll in Zukunft mit Frauen besetzt werden – um so den wirtschaftlichen Erfolg zu steigern. Der Aufschrei in der Wirtschaft war groß, Verbände, Institute und Unternehmen distanzierten sich. Das zeigt: Es gibt zwar einzelne Initiativen, um Breitenwirkung zu erreichen, ist der Leidensdruck allerdings noch nicht groß genug. Den haben (noch) die Frauen. Und anstatt zu versuchen, die anderen, nämlich die Männer, zu verändern, ist es erfolgversprechender, erst einmal die eigenen Strategien zu überprüfen. Denn so ärgerlich es auch ist: Man kann einen anderen nicht ändern, nur sich selbst.

Wie ändern sich die Spielregeln in Zukunft durch den Einfluss der Generation Y?

So wie die Unternehmen mittel- bis langfristig verstärkt Frauen als Arbeitskräfte ansprechen werden, werden sie sich auch zunehmend einen Wettbewerb um junge Mitarbeiter liefern. Und das wird nicht ohne Folgen auf die Arbeitskultur bleiben. Experten sagen den Vertretern der Generation Y (den nach 1980 Geborenen) im Verhältnis zu Älteren eine andere Vorstellung von Work-Life-Integration nach. Sie sind zwar bereit, hart zu arbeiten, möchten dann aber auch wieder Freizeit und ihr Leben nicht komplett den Anforderungen des Jobs und vermutlich auch nicht sämtlichen dort bisher oft noch nötigen Rangkämpfen unterordnen. Die heute noch vielfach gepflegte Präsenzkultur in den Unternehmen wird so weiter bröckeln. Denn die Youngster gelten auch als »Digital Natives«, als Experten der digitalen Medien, die nicht nur ein anderes Arbeiten im Büro erlauben, sondern auch die Möglichkeit bieten, fern vom Firmenschreibtisch seinem Job nachzugehen. Telearbeit gibt es zwar schon seit Jahren, doch Laptop, BlackBerry, iPhone und die Nutzung von Datenablage im Internet haben die Virtualisierung intensiviert und weiter stark vorangetrieben. Die Anwesenheitszeit am Arbeitsplatz als Währung für Bedeutung wird dann weiter sinken. Beides kommt den in der Regel eher ganzheitlich orientierten Lebenskonzepten von Frauen sehr entgegen.

Zukunftsmusik ist das eine, aber wie können Frauen in der Zwischenzeit selbst die Regeln ändern?

Die Spielregeln sind zum großen Teil schlicht eine Sache der Mehrheiten, vor allem auch in verantwortlichen Positionen. Diese zu ändern ist, wie sich gezeigt hat, ein äußerst mühsamer gesellschaftlicher Prozess. Eigeninitiative als flankierende Maßnahme hilft Frauen, das sogenannte »Token«-Stadium zu verlassen. Rosabeth Moss Kanter, amerikanische Soziologin und Betriebswirtschaftlerin, hatte in den 1970er-Jahren diesen Begriff für die Tatsache geprägt, dass Frauen als Vertreter einer Minderheit als »typisch Frau« und nicht als Individuen angesehen werden. Heute geht man davon aus, dass Frauen in Führungspositionen mindestens einen Anteil von 30 Prozent überschreiten müssen, um nicht mehr als Minderheit, sondern als normal und alltäglich angesehen zu werden. Es lohnt sich, immer zu überlegen, wie Frauen selbst andere Frauen fördern und unterstützen können: indem sie als Personalverantwortliche gezielt Frauen vorschlagen, indem sie Kolleginnen für bestimmte Positionen empfehlen oder indem sie Kolleginnen in Besprechungen unterstützen, damit diese gut dastehen und weiter gefördert werden.

Sich mit den informellen Macht-Spielregeln zu beschäftigen, bedeutet das nicht, zu vermännlichen? Wo bleiben die weibliche Sicht und die weiblichen Fähigkeiten?

Dass es sich sehr wohl lohnen kann, den eigenen Handlungsspielraum zu erweitern, zeigt eine amerikanische Untersuchung von 2011. Sie belegt, dass Frauen, die sich wie Männer verhalten können – aber nicht müssen –, erfolgreicher sind. Aggressive, selbstbewusste und zuversichtliche Frauen, die ihr Verhalten der Situation anpassen können, steigen im Business erfolgreicher auf als Männer oder andere Frauen. Olivia O'Neill und Charles O'Reilly von der amerikanischen Stanford Graduate School of Business wiesen dies in ihrer Studie mit 132 Teilnehmern eindrucksvoll nach. Die Forscher fanden heraus, dass manche Frauen mit stärkeren männlichen Verhaltensweisen sich selbst gut steuern konnten. »Chamäleonartig« würden sie sich in ihre soziale Umgebung einfügen und ihr Verhalten entsprechend anpassen. Eher männlich wirkende Frauen – also aggressive, selbstbewusste und zuversichtliche Frauen – mit hoher Selbstkontrollkompetenz wurden anderthalbmal mehr befördert als Männer und zweimal mehr als weiblich wirkende Männer – unabhängig von der jeweiligen Selbstkontrollkompetenz der Männer. Und sie wurden ebenfalls anderthalbmal mehr befördert als weiblich wirkende Frauen. Aber was noch viel auffallender ist: Sie wurden sogar dreimal öfter befördert als Frauen mit maskulinen Eigenschaften, aber niedriger Selbstkontrollkompetenz. Männliches Verhalten allein führt daher offenbar nicht unbedingt zum Erfolg.

Frauen, die an sich glauben, müssen sich also nicht grundsätzlich zwischen männlichem und weiblichem Verhalten entscheiden. Und es ist auch gar nicht nötig, dass sie auf weiblichen Qualitäten wie eine starke inhaltliche Orientierung oder gut ausgeprägte Beziehungsfähigkeit komplett verzichten. Wichtig ist nur, dass sie sich selbst kontrollieren, wann sie wie reagieren wollen. Dann haben Frauen die besten Chancen!

Zehn Spielregeln

1. Macht ist großartig!
2. Es gibt immer einen Platzhirsch
3. Am Ende zählt nur das Ergebnis
4. Mut zum Risiko hilft beim Vorankommen
5. Jungs spielen lieber mit Jungs und Old Boys helfen sich
6. Verbündete werden gepflegt
7. Fleiß allein gilt im Job nicht viel
8. Gesichtsverlust ist gefährlich
9. Wer fragt, hat schon verloren
10. Im internationalen Business punkten

1. Macht ist großartig!

Für Männer ist Macht etwas Positives, sie wollen etwas zu sagen haben. Macht bedeutet für sie die Möglichkeit, das erste Wort zu haben, Entscheidungen zu treffen und zu bestimmen, wo's lang-geht. Es ist für sie selbstverständlich, dass es im Job-Spiel darum geht, möglichst mächtig und materiell erfolgreich zu werden. Dies ist die wichtigste und elementarste Spielregel in einem beruflichen Umfeld, in dem männliche Führungskräfte in der Mehrheit sind. Das ist nicht ohne Risiko. Die Finanzkrise zeigt es deutlich: Überzogenes Macht- und Gewinnstreben kann ganze Volkswirtschaften ruinieren. Die Akteure, die dieses Desaster zu verantworten haben: meist männlich. Mit den Lehman Sisters wäre das nicht passiert, hieß es schon kurz nach den ersten Krisenmeldungen über den Niedergang der Finanzbranche. Kann schon sein, da Frauen meist stärker darauf achten, Ressourcen zu schonen, und auch langfristige Folgen im Blick haben. Trotzdem wehre ich mich dagegen, dass Frauen die »besseren« Menschen seien. Das versperrt den Blick darauf, dass sich zwar beide Geschlechter unterschiedlich verhalten und unterschiedlich kommunizieren, beides aber jeweils seine Vorteile hat. Zur Krise kommt es, wenn eine Verhaltensweise exzessiv betrieben wird und es kein Korrektiv mehr gibt.

Hierarchische Systeme – anziehend für Männer, befremdlich für Frauen

Nach der Definition des Soziologen Max Weber ist Macht jede Chance, innerhalb einer sozialen Beziehung den eigenen Willen anderen gegenüber durchzusetzen, auch gegen Widerstreben – egal, worauf diese Chance beruht. Der Begriff von Macht ist im Job gekoppelt an das Konzept eines hierarchisch strukturierten

Systems. Für die meisten Männer ist es wichtig, einen Platz möglichst weit oben in der Hierarchie einzunehmen, um etwas zu sagen zu haben. Für Frauen ist Macht dagegen oft noch anrüchig, und sie haben die Vorteile einflussreicher Jobs mit ihren Gestaltungsmöglichkeiten (noch) zu wenig im Blick.

Daniela Rastetter, Professorin für Personal, Organisation und Gender Studies an der Universität Hamburg, forscht in einem mehrjährigen Forschungsprojekt zum Thema »Mikropolitik und Aufstiegskompetenz von Frauen«. Die weiblichen Nachwuchsführungskräfte, die sie mit ihren Mitarbeiterinnen befragte, waren auffällig häufig Macht gegenüber negativ eingestellt. Bei manchen Frauen führt das sogar dazu, dass sie konkrete Jobangebote ablehnen.

Daniela Tischner ist Schlussredakteurin. Ihren Job macht sie sehr strukturiert, verantwortungsvoll, umsichtig. Sie schaut über den Tellerrand und macht gute Lösungsvorschläge bei kniffligen Fragen. Kein Wunder, dass die Geschäftsführung ihr anbot, die Abteilungsleitung zu übernehmen. Doch sie lehnte ab: »Schließlich kenne ich doch meine Kolleginnen seit Jahren und das sind doch genauso gute Schlussredakteurinnen. Und denen sollte ich dann etwas sagen? Dazu bin ich zu sehr Teamplayer und zu harmoniebedürftig.« Sie wollte lieber gut mit allen zusammenarbeiten, als zu meinen, sie sollte das besser wissen. »Wenn ich sehe, wie sich Leute aufspielen, nur weil sie eine Position in der Hierarchie haben: So wollte ich nie sein. Kollegialität ist mir wichtig und dass ich mich mit allen gut verstehe. Das schien mir als Abteilungsleiterin einfach nicht möglich.«

Doch inzwischen gibt es auch Frauen wie Anna Böhme, Geschäftsführerin einer mittelständischen Medienberatung mit

25 Mitarbeitern, für die es selbstverständlich ist, sich Aufgaben mit Gestaltungsmöglichkeiten zu suchen. Anna Böhme ist als Mentorin für andere Frauen ein Vorbild und sie unterstützt sie auch ganz konkret bei beruflichen Problemen, wie etwa dem Hineinwachsen in eine Führungsrolle:

»Ja, ich habe Macht«, sagt Anna Böhme. »Ich habe Macht im Sinne von Gestaltungsraum. Ich kann meine Ideen, meine Gedanken, wie sich die Organisation entwickeln und auf dem Markt positionieren soll, vorantreiben. Macht ist für mich aber auch Vertrauen, das von den Gesellschaftern und Mitarbeitern in mich gesetzt wird und das ich ausfüllen muss. Die Menschen vertrauen darauf, dass ich die richtige Entscheidung treffe, sie geben die Kontrolle ab. Für mich ist das geliehene Macht, denn wenn ich das Vertrauen nicht rechtfertige, muss ich die Macht wieder abgeben.

Ob ich schon immer ein positives Verhältnis zur Macht hatte? Ja, allerdings. Ich bin in der ehemaligen DDR geboren, meine Mutter arbeitete Vollzeit als Sachbearbeiterin, das war sicher ein Vorbild für mich. Meine Eltern waren Mitläufer und durch mein Engagement bei den Pionieren eher überrumpelt. Dort war ich schon mit neun Jahren auf dem höchsten Posten in der Organisation. Ich musste schwerwiegende Entscheidungen treffen, etwa ob ein anderes Kind wegen seiner vielen Verweise als Pionier ausgeschlossen werden sollte. Das hätte seinen sozialen Tod bedeutet. Da war ich mir als Kind schon sicher, das möchte ich nicht. Mit 13 wurde ich kritischer gegenüber dem System, parallel kam die politische Wende, sonst wäre es sicher schwierig für mich geworden. Ich war immer schon gut darin, zu erkennen, wo mikropolitisches Handeln nötig ist. Und ich bin heute auch davon überzeugt, dass es wichtig ist, Machtmechanismen zu kennen, genau zu überlegen und dann den eigenen Weg zu gehen.

Für mich war es sehr wichtig, zu lernen, mir die Dinge langfristig anzuschauen. Es ist überhaupt nicht geraten, zu schnell zu handeln. Ich habe viele Menschen beobachtet und darauf geachtet, wie sie agieren. Beispiel Sitzordnung: Der Machthaber sitzt an der Stirnseite oder an einem prominenten Platz. Wenn ich die Sitzungsleitung habe, setze ich mich auch bewusst an die Stirnseite, ich wähle den Machtplatz. Ich bereite mich heute auch immer sehr gut auf Termine mit Machthabern vor: Zahlen, Argumentation und die drei wichtigsten Punkte. Früher dachte ich, das sei nicht nötig, weil doch jeder selbst die Informationen finden kann. Inzwischen informiere ich mich auch vorher per Internet und XING sehr genau, mit wem ich es zu tun habe. Ich versuche im Vorfeld ein Gespür für den Machthaber zu entwickeln und so zu erkennen, was ihn am ehesten überzeugen wird. Meine Sprache muss deutlich sein, ich vertrete meine Interessen klar, aber nicht kriegerisch. Ich trage im Job Röcke oder Hosenanzüge. Ich überlege vorher, ob Rock oder Hose angebracht wäre. Das wähle ich nach Gesprächspartner, Gesprächsthemen, aber auch nach eigener Tagesform. Auf Dinge, die meinen Status heben sollen, wie ein teurer Montblanc-Füller oder eine Breitling-Uhr, verzichte ich. Und um mein Ziel zu erreichen, kann ich auch einmal von einem tieferen Status aus agieren. Dabei muss ich anders sein und trotzdem müssen sich andere an mich anschließen können.

Ich gehe meinen eigenen Weg, denn ich definiere für mich selbst, was zu Führungskompetenz gehört: nämlich neben dem Mut, Entscheidungen zu treffen, auch achtsam zu sein und auf mich selbst zu schauen, ob es mir gut geht, und mich im sozialen Netz aus Freunden und Familie zu verankern.«

Für Frauen ist es historisch gesehen noch ein recht neues Feld, sich innerhalb beruflicher Hierarchien zu beweisen. Jahrhundertelang herrschte weitgehend klare Rollenteilung: Der Mann war für den materiellen Unterhalt der Familie zuständig, die Frau fürs Großziehen der Kinder. Die Strukturen der Arbeitswelt haben sich unter Männern herausgebildet, die untereinander konkurrierten und wenig Verantwortung für Privatleben und Familienalltag hatten. Wie tief verankert diese Aufteilung in unserer Gesellschaft ist, zeigt sich daran, dass nur ein ganz langsamer Wandel hin zu arbeitenden Müttern in verantwortungsvollen Positionen und zu miterziehenden und im Beruf zurücksteckenden Vätern zu sehen ist.

»Maskuline« Eigenschaften wie Durchsetzungsfähigkeit, Zielstrebigkeit und Entscheidungsfreude haben Männern bisher die Führungspositionen in der Wirtschaft gesichert. So gut wie alle von ihnen begreifen das Jobsystem als hierarchisches System, in dem es gilt, sich an die Spitze zu setzen. Und selbst den Männern, die nicht in erster Linie im Beruf Karriere machen wollen, ist immer noch stärker als vielen leistungsorientierten Frauen bewusst, wie das Job-Spiel läuft und welchen Mechanismen es gehorcht.

Frauen als Konkurrentinnen um Führungspositionen – das ist ein relativ neues und nicht immer einfaches berufliches Phänomen. Männer reagieren im Hinblick auf ihre Rangposition empfindlich, wenn eine Frau besser ist als sie. Viele Frauen können sich dagegen gar nicht vorstellen, dass sich ihre männlichen Vorgesetzten durch sie bedroht fühlen. Sie stellen hilflos fest: »Ich will doch seine Position gar nicht, ich säge doch gar nicht an seinem Stuhl.« Frauen verstehen nicht, wo das Problem liegt, da nur die wenigsten von ihnen einen männlich geprägten Begriff von Macht und Hierarchie haben. In der Regel können sie mit dieser Denkweise wenig anfangen, da es ihnen in erster Linie um die Inhalte ihrer Arbeit und die Beziehungen untereinander geht. Sie haben eine andere Perspektive. Ihre Kinder liebevoll aufzuziehen und die Familie zusammenzuhalten – das stand bisher meist im Vordergrund. Der Beruf spielt bei Frauen gesellschaftlich betrachtet erst seit wenigen Jahrzehnten eine Rolle. Interessanterweise übertragen viele Frauen – unabhängig davon, ob sie tatsächlich Mütter sind oder nicht – ihre Beziehungsorientierung auf den Beruf. Im Job wollen sie sich vor allem wohlfühlen – und allen anderen im Team soll es auch gut gehen.

Das zeigt auch die Forschungsarbeit der Psychologin Nathali Klingen zum Thema »Führungsstil bei Männern und Frauen«. Versuchspersonen aus verschiedenen Berufen mussten in kleinen Teams gemeinsam eine Reihe von Aufgaben lösen. Dabei wurden verschiedene Arten der Gruppenorganisation ausprobiert – etwa die Festsetzung oder Wahl eines Führers beziehungsweise das Arbeiten in Gruppen mit gleichberechtigten Teilnehmern. Das Ergebnis: Männer bevorzugen hierarchische Strukturen. Frauen hingegen zeigten sich motivierter und zufriedener, wenn die Führung in der Gruppe rotiert oder niemand eine herausragende Rolle spielt. Frauen fördern Gleichberechtigung und demokratische Strukturen in der Gruppe. Dementsprechend werden in reinen Frauengruppen Stärke und Kompetenz einzelner Mitglieder sowie Konkurrenz untereinander tabuisiert und offene Machtkämpfe vermieden. Weiterhin zeigte die Studie, dass Frauen stärker auf die Stimmung im Team achten. Männer hatten dagegen vor allem das Arbeitsergebnis im Blick. Beide Verhaltensweisen haben Vorteile: Nathali Klingen rät Frauen, die in der Berufswelt mit Führungsaufgaben konfrontiert sind, stärker auf die Aufgabenstellung zu schauen. Wenn schnelle Ergebnisse gewünscht werden, muss die Befindlichkeit der Mitarbeiter vorübergehend auch einmal ignoriert werden. Umgekehrt rät sie Männern, mehr auf die Stimmung unter ihren Mitarbeitern zu achten. Die Qualität des Teamergebnisses hängt auch von der Motivation der Mitarbeiter ab. Dadurch, dass Männer die Mehrheit in Führungspositionen stellen, hat allerdings das männliche Verständnis von Macht und Hierarchie einen ganz wesentlichen Einfluss auf die Spielregeln im Job.

Der andere Blick

Frauen geht es stärker als Männern bei der Arbeit um die Beschäftigung mit bestimmten Inhalten – egal, auf welcher Hierarchiestufe. Inzwischen gibt es männliche Führungskräfte, die genau aus diesem Grund auf Frauen setzen. René Mägli zählt dazu, er stellt nur Frauen ein. Über 100 Mitarbeiterinnen arbeiten in seinem Betrieb, der Schweizer Niederlassung von MSC, der zweitgrößten Frachtreederei der Welt: als Controllerinnen, Buchhalterinnen, Finanzspezialistinnen, Verkäuferinnen, Managerinnen, IT-Fachfrauen. Mägli schätzt seine Mitarbeiterinnen: Eine Frau sei kommunikativer, zielstrebiger, kostenbewusster, besser in Fremdsprachen und besser im Team, zudem setze sie schneller Prioritäten als ein Mann, sagt Mägli im Interview mit *Spiegel online*. Vor allem aber sei entscheidend: »Eine Frau dient der Sache. Männer kämpfen um die eigene Position, um Geld und den Status. Frauen tun dies bei uns – meines Erachtens – nicht.« Er praktiziere das nicht aus Idealismus, sondern Frauen eigneten sich einfach besser für ein Dienstleistungsunternehmen: »Sie bringen mehr Profit.«

Frauen stellen die Aufgabe in den Mittelpunkt ihrer Tätigkeit und legen großen Wert auf die Qualität ihres Arbeitsumfeldes, das belegt inzwischen auch die wissenschaftliche Forschung. Selbst bei der Übernahme einer Führungsposition bleiben die Inhalte im Fokus ihres Engagements. Für Frauen bedeutet Führung, sich den Inhalten ihrer Arbeit in gestärkter Position zu widmen. Männer bewerten Inhalte weniger hoch, für sie besteht eine Führungsaufgabe hauptsächlich im Leiten von Mitarbeitern. Sie sehen Führung als Rolle, die relativ unabhängig von der konkreten Aufgabe ist. Eine Führungsrolle kann deshalb in unterschiedlichen Kontexten oder Abteilungen ausgeübt werden. Da eine »reine« Führungskraft im Unternehmen universal einsetzbar ist, ist dieser Umstand Karriere fördernd. Eine Aufgabe wird von vielen Männern häufig als Sprungbrett für die Karriere gesehen, sie definieren sich über die Wirkung ihrer Tätigkeit. Man(n) macht etwas gut, steigert die Effektivität der Abteilung und wird dafür befördert. Männer suchen nach Aufstiegschancen. Sie richten ihr Handeln danach aus, immer weiter nach oben zu steigen. Frauen gestalten ihre Laufbahn eher nach Aufgaben und halten an inhaltlich interessanten Positionen fest. So verzichten sie gegebenenfalls auf den Aufstieg, wenn sie sich von lieb gewonnenen Inhalten trennen müssten, während Männer ihre Stellen auch dann verlassen, wenn sie interessant sind.

Frauen sehen es außerdem als zentrale Aufgabe, Bedingungen für eine effiziente Kooperation zu schaffen, damit alle Mitarbeiter ihre Potenziale zugunsten der gestellten Aufgabe einbringen können. Sie geben ihren Mitarbeitern Freiraum und lassen sie das »Wie« ihrer Tätigkeit weitgehend selbst definieren, damit sie ihre Arbeit als ebenso sinnvoll wie sie selbst erleben. Ein moderner Führungsstil – ganz im Sinne des viel zitierten und gewünschten Konzepts des unternehmerisch denkenden Mitarbeiters. Frauen sollten sich zwar bewusst sein, dass sie innerhalb eines Machtsystems arbeiten, aber deshalb ihren ureigenen Arbeits- und Führungsstil nicht aufgeben, weil er viele Vorteile bietet, die auch für das Arbeiten im internationalen Kontext gesucht sind.

Der Wirtschaftspsychologe Felix Brodbeck, der im Rahmen

der Globe-Studie Führungsverhalten im internationalen Vergleich unter die Lupe nahm, konstatiert, dass deutsche und internationale Managementforscher deutsche Führungskräfte als aufgabenorientiert und technisch versiert beschreiben, jedoch auch als wenig inspirierend und mangelhaft in ihrer sozialen Kompetenz. »In Deutschland wächst die Sehnsucht nach neuen Führungskräften«, sagt Brodbeck, der in der Globe-Studie auch gesellschaftskulturelle Wertetrends untersuchte und zu dem Ergebnis kam, dass Führungspersönlichkeiten mit hoher sozialer Kompetenz gefragt sind: Diese sollen motivieren, teamfähig, einfühlsam, tolerant, offen und fair sein. Der Fehlzeiten-Report 2011 bestätigt, dass sich Beschäftigte von ihrer Führungskraft mehr Einsatz für die Mitarbeiter, mehr Feedback und öfter mal ein Lob für gute Arbeit wünschen. Dieser Einsatz lohnt sich, denn Mitarbeiter, die von ihren Führungskräften gut informiert werden und Anerkennung erfahren, haben weniger gesundheitliche Beschwerden und identifizieren sich häufiger mit ihrem Unternehmen. Das erhöht den Unternehmenserfolg.

Es gilt also für Frauen, sich ihre Beziehungsorientierung zu bewahren und trotzdem strategisch zu denken und ihre Position auch von anderen nicht infrage stellen zu lassen.

Der Preis des »Sich-nicht-Aufspielens«

Männer halten die Fäden gerne in der Hand und organisieren die Zusammenarbeit im Hinblick auf eine effiziente Zuarbeit. Die Mitarbeiter liefern die einzelnen Teile, die sie ordnen und zu einem Gesamtergebnis zusammenfügen. Für Frauen ist diese Haltung männlicher Vorgesetzter oft schwer zu akzeptieren. So ärgern sich beispielsweise Wissenschaftlerinnen in der Medizin häufig, dass ihr Chef ihre Arbeitsergebnisse in seine Forschungen mit einarbeitet und bei internationalen Konferenzen quasi als seine präsentiert. Für hierarchieorientierte Männer zwar auch ärgerlich, aber nichts anderes als ein ganz normaler Vorgang. Durch ihren delegierenden Führungsstil stellen sich Männer an die Spitze. Für ihre Leistungen werden sie so schneller honoriert als teamorientiert arbeitende Frauen, die Individualität und Kreativität bei ihren Mitarbeitern fördern – und so selbst viel weniger auffallen. Kooperation statt Konkurrenz – logisch, dass Frauen nach anderen Regeln spielen.

Immer wieder spreche ich mit Frauen, die diese starke inhaltliche Orientierung verfolgen. Sie beschweren sich oft im selben Atemzug, dass ihre Arbeit von ihren Vorgesetzten nicht genug gewürdigt wird und dass sie nicht aufsteigen. Es ist offensichtlich, dass sie in einem Spiel mitspielen, in dem inhaltliche Qualifikation zwar vorausgesetzt wird, in dem überdurchschnittliches inhaltliches Engagement aber nicht zum Aufstieg führt. Diese Frauen versäumen es, ihren Aufstiegswillen und ihren Machtanspruch in einem männlich-hierarchieorientierten System deutlich zu machen. Stattdessen kritisieren sie, wie sich Männer »aufspielen«, und verzichten damit auf die Chance, eigene Punkte im Spiel zu machen. Anstatt sich in gedanklichen Planspielen zu üben, setzen viele Frauen nach dem Motto »Mehr desselben« inhaltlich noch eins drauf. Sie rackern noch mehr in der Sache, vertiefen sich noch mehr ins Detail und machen eine Zusatzqualifikation nach der anderen. Der Effekt: Tunnelblick statt Blick über den Tellerrand. Für die Vorgesetzten sehr praktisch, denn von einer so fleißigen Mitarbeiterin wird viel Arbeit sehr zuverlässig erledigt.

Wie Frauen das Macht-Prinzip clever nutzen

»Macht ist was Gutes, aber das musste ich erst lernen«, sagt Ulla Schilder, EDV-Expertin in einem Telekommunikationsunternehmen. Die Gelegenheit dazu erhielt sie, als sie Leiterin eines Projekts wurde. Eine neue Software für Materialwirtschaft wurde eingeführt. Ein komplexes, interessantes Projekt, das sich über ein Jahr hinzog und an dem die Abteilungen Vertrieb, Materialwirtschaft, Controlling, EDV sowie externe Berater und Programmierer beteiligt waren. Obwohl es viel Energie kostete, gefiel Ulla Schilder, dass sie etwas gestalten konnte: Ergebnisse besprechen und durchsetzen – auch gegen Widerstände – und merken, dass man ihr zuhörte und sie unterstützte. Geholfen hat ihr dabei Weiterbildung in diversen Seminaren zu Themen wie »Persönlichkeit«, »Konfliktverhalten« oder auch »Rhetorik«, in denen auch über Macht diskutiert wurde. Dabei entdeckte sie für sich, dass Macht und eine gewisse damit verbundene Aggressivität nicht negativ sein müssen.

Vorteile der Macht

Heinrich Wottawa, Professor für Wirtschaftspsychologie an der Bochumer Universität, hat sich in einer Langzeitstudie mit den Lebenszielen von Hochschulabsolventen beschäftigt und herausgefunden, dass es Frauen in erster Linie wichtig ist, »Spaß im Beruf« zu haben. »Persönliche und ethische Werte umsetzen können« folgt auf dem zweiten Platz. Wottawa weist darauf hin, dass ein Weg, um mehr Frauen für eine Führungslaufbahn zu gewinnen, darin bestehen könnte, stärker zu verdeutlichen, dass »Macht haben« auch bedeutet, im eigenen Umfeld persönliche und ethische Werte verfolgen zu können.

Überlegen Sie, welche positiven Effekte es in Ihrer aktuellen beruflichen Situation haben könnte, mehr Macht zu haben. Schreiben Sie möglichst zehn dieser Vorteile auf. Diese Leitfragen können Ihnen dabei helfen:

- Welche Macht haben Sie bereits und wie profitieren Sie davon?
- Wie kann die Macht, Aufgaben zu delegieren, Ihnen weiterhelfen?
- Wie hilft Ihnen die Macht, bestimmte Entscheidungen selbst zu treffen?
- Wie kann die Macht, über Ihre Zeit frei zu verfügen, Ihnen weiterhelfen?
- Wie kann die Macht, selbst zu entscheiden, mit wem Sie zusammenarbeiten, Ihnen weiterhelfen?
- Wie können Sie inhaltlich das Produkt Ihrer Arbeit durch mehr Macht verbessern?
- Gab es bereits Situationen in Ihrer beruflichen Laufbahn, wo es für Sie befreiend war, dass Sie ganz klar gesagt haben: »Weil ich es so will!«? Gibt es eine Parallele zu Ihrer jetzigen Situation?

Fünf Grundregeln für den Umgang mit Macht

Diese fünf Grundregeln sollten Sie im Job nie aus den Augen verlieren:

1. Identifizieren Sie die Mächtigen

Wenn Sie Ihre aktuelle Aufgabe betrachten: Welche Macht fehlt Ihnen noch zur Erreichung Ihrer Ziele? Und wie können Sie sie beschaffen? Diese beiden Fragen führen zur Frage nach den Machthabern in Ihrem Unternehmen. Mit Kollegen oder Kolleginnen sollte man eine solche Analyse allerdings nicht vornehmen, weil diese selbst eine strategische Rolle im Job-Spiel haben und weil Sie dabei viel von Ihrer persönlichen Sicht der Dinge preisgeben und sich damit unter Umständen angreifbar machen. Um sich über die Situation klarer zu werden, sprechen Sie lieber mit Ihrem Partner oder einer Freundin über Ihre Einschätzung. Sehr nützlich sind natürlich die Einschätzungen männlicher Mentoren. Doch es gibt auch Frauen, die einen Blick für Machtstrukturen entwickelt haben. Halten Sie in Ihrem Netzwerk nach solch erfahrenen Frauen Ausschau, mit denen sie einmal in Ruhe Ihre Situation besprechen können.

2. Akzeptieren Sie die hierarchische Rangordnung

Männer wollen nicht unterlegen sein, sagt der kanadische Philosoph Peter Raabe. Er weist daraufhin, dass sie sich in Beziehungen entweder als überlegen oder als unterlegen wahrnehmen und bei Begegnungen selten von der Annahme der Gleichrangigkeit ausgehen, wie Frauen das zumeist tun. »In der Welt eines Mannes sind Gespräche oft Verhandlungen, bei denen die Teilnehmer versuchen, möglichst die Oberhand zu gewinnen und zu behalten und den Versuchen anderer, sie zu unterdrücken, niederzumachen und herumzukommandieren, die Stirn zu bieten. Das

Leben ist ein Wettstreit, ein Kampf darum, Unabhängigkeit zu bewahren, Niederlagen zu vermeiden und seine Position zu verteidigen.«

Beruflich sehr engagierten Frauen fällt es schwer zu erkennen, dass sie sich manchmal auf eine Art und Weise verhalten, durch die sich männliche Vorgesetzte in ihrer Position bedroht fühlen. Während man bei Männern oft an der Körpersprache sehen kann, wie sie ranghöheren Männern Respekt erweisen und quasi etwas in sich zusammenfallen, kennen Frauen diese Haltung nicht. »Frauen fehlt der ›Knick-Reflex‹«, nennt das der Wirtschaftspsychologe Wottawa. Sie wüssten nicht, dass bestimmte Unterwerfungsgesten manchmal notwendig sind.

Evolutionsgeschichtlich betrachtet kein Wunder. Männer kämpften untereinander um die beste Position in der Rangordnung und damit auch um die besten Chancen bei den Frauen. Die Unterlegenen ordneten sich an niedrigerer Stelle in die Rangordnung ein. Für Frauen ging es nie darum, sich in diese männliche Rangordnung einzufügen, sondern darum, von möglichst vielen Männern als potenzielle Partnerin angesehen zu werden, um sich dann wie eine Art Preisrichterin den besten und möglichst auch genetisch fittesten auszusuchen. Es gab für Frauen keinen Grund, sich einzufügen, sondern sie betrachteten von ihrer Warte aus die gesamte Rangordnung quasi von außen. Das erklärt vielleicht auch zu einem Teil, warum sich viele junge intelligente Frauen ihren Vorgesetzten überlegen fühlen und sie streng nach ihren Maßstäben bewerten. Weil sie selbst einen Ausnahmestatus haben, muss ein Mann seinen Status aus ihrer Sicht zu Recht haben – damit sie ihn überhaupt anerkennen kann.

Diese archaischen Grundmechanismen der Partnerwahl schwingen auch in Arbeitssituationen mit – auch wenn es nicht beabsichtigt ist, im Job einen Partner zu finden (selbst wenn das tatsächlich oft passiert). Die Herausforderung für Frauen liegt jetzt darin, einerseits fähig zu sein, sich in berufliche Hierarchien einzuordnen, und andererseits, wenn nötig, Männern Dominanzsignale zu senden – ohne ihre Weiblichkeit dabei aufzugeben. Es lohnt sich, in Rollenspielen das eigene Repertoire an Verhaltensweisen in dieser Hinsicht zu erweitern.

Das Beispiel von Caroline Schneider zeigt, wie Frauen das männliche Prinzip der Rangordnung anerkennen können, ohne sich selbst zu verleugnen.

Caroline Schneider, Fernsehjournalistin, wollte nicht mehr als Redakteurin eines TV-Magazins einzelne Filmbeiträge produzieren, sondern als Planungsredakteurin mehr Verantwortung für den gesamten redaktionellen Ablauf der Sendung übernehmen. Doch mit ihrem Vorgesetzten, dem Chef vom Dienst, hatte sie immer wieder Probleme: »Er hatte immer das Gefühl, dass ich ihn angreife, dass ich ihn nicht ernst nehme.« Aus ihrer Sicht brüskierte der Chef die Mitarbeiter oft mit Statements, die er in die Runde warf – wie etwa, das Team habe schlecht gearbeitet. Caroline reagierte dann sofort vor allen anderen: »Das kannst du so nicht sagen.« Sie zeigte deutlich, dass sie nicht akzeptierte, was er sagte. Der Grund dafür: »Ich war schon immer Klassensprecherin. Und in der Redaktion gehörte ich zu den Älteren. Viele kamen zu mir und beschwerten sich über den Vorgesetzten. Ich fühlte mich dafür verantwortlich, wie es dem Team, der Redaktion geht.« Ein paar andere Mitarbeiter sagten zwar auch ab und zu etwas gegen den Vorgesetzten, aber wer immer mit dabei war, war Caroline. Die Reaktion kam immer prompt: »Jede Woche hat er mir im Einzelgespräch klarmachen wollen, dass ich nicht so gut sei, wie ich denke, und immer wieder seinen Rang in der Hierarchie betont: ›Ich bin Chef vom

Dienst, und du bist Redakteurin‹«, erzählt Caroline. Immerhin hat der Vorgesetzte damit genau gesagt, worin für ihn das Problem liegt. Er hat ihr ausdrücklich zu verstehen gegeben, dass sie seinen Rang und seine Machtposition akzeptieren soll.

Da sie aufsteigen wollte, versuchte sie ihr Verhalten zu ändern. Sie ahnte, dass ihr Chef ihr sonst Steine in den Weg legen würde. Und tatsächlich klappte es nach einer Weile. Ihr Chef machte sie zur Planungsredakteurin. Ihr Erfolgsrezept? »Ich habe mich in Konferenzen mehr zurückgenommen.« Was ihr am Anfang mehr als schwerfiel: »Ich hatte Angst, mich nicht mehr im Spiegel anschauen zu können. Aber im Laufe der Zeit habe ich gesehen, dass ich genauso weit komme.« Ihre negativen Gefühle waren zwar noch vorhanden, aber sie drückte sie anders aus. Wenn sie sich wieder besonders über ihren Chef ärgerte, schaute sie einfach mit bedeutsamem Blick ihre befreundete Kollegin an, von der sie wusste, dass sie sich auch ärgerte. »Ihn offen vor der Gruppe zu kritisieren, war sicher ein Fehler«, denkt sie heute. Trotzdem findet sie es wichtig, Profil zu zeigen, zu sich selbst zu stehen. Wenn sie nicht ihre Meinung gesagt und auf sich aufmerksam gemacht hätte, wäre sie nicht aufgefallen und auch nicht befördert worden.

3. Schützen Sie mit Macht die eigene Position

Genauso wie Frauen aufpassen müssen, nicht ungewollt die Position anderer infrage zu stellen, müssen sie sich dafür sensibilisieren, sich zu wehren, wenn die eigene Position angegriffen wird. Das ist besonders wichtig, wenn man eine neue Aufgabe in einer Führungsposition übernimmt. Ein gutes Team ist entscheidend für den Erfolg. Wenn ein Mitarbeiter seine Arbeit nicht macht und die Loyalität verweigert, vielleicht weil er sich selbst Hoffnung auf den Posten gemacht hat, muss man Gespräche führen, um eine Verhaltensänderung herbeizuführen. Wenn das nicht hilft, muss man Konsequenzen ziehen und darf dabei nicht zu lange zögern: Zur Macht stehen heißt auch, sich von Kollegen zu trennen, wenn die Zusammenarbeit nicht funktioniert.

Diese Erfahrung machte auch die Abteilungsleiterin eines Chemiekonzerns, die neun Teammanager übernahm. Der Platzhirsch unter ihnen hatte sich jedoch selbst Hoffnung auf die Führungsposition gemacht. Der Geschäftsführer warnte, dass es Probleme mit diesem Mitarbeiter geben würde. Die Managerin wollte es trotzdem mit der Zusammenarbeit probieren. Doch dann verweigerte der Mitarbeiter die Mitarbeit, redete schlecht über sie, betrieb Mobbing. Sie sammelte ein halbes Jahr lang Beweise – und warf ihn dann raus. Die Reaktion des Teams? Ein Riesenaufschrei. Von einer Frau hatte man so etwas nicht erwartet. Aber sie hatte die Rückendeckung des Geschäftsführers.

4. Entscheiden Sie, wem Sie Macht einräumen

So wie im Privatleben haben Frauen oft auch im Job bestimmte Vorstellungen, wie gute Beziehungen aussehen sollten. Sie setzen auf menschliche Nähe, während Männer eher eine etwas distanziertere Art des geselligen Umgangs untereinander pflegen. Im Job führen Männer Gespräche in der Regel nicht auf emotionaler Ebene, sondern betonen den Informationsgehalt. Sie sind Meister darin, Gespräche auf rein sachlicher, intellektueller Ebene zu führen, als ob das alles mit ihnen persönlich gar nichts zu tun hätte. »Ich kenne viele Männer in Führungspositionen, die einander nicht ausstehen können. Aber wenn sie um einen Konferenztisch sitzen, könnte man meinen, sie seien ein Herz und eine Seele. Persönliche Gefühle spielen dann keine Rolle. Sie wollen nicht gemocht werden. Sie wollen gewinnen.« So die amerikanische Medienmanagerin und Autorin Gail Evans.

Bei Frauen ist das anders. Da in der weiblichen Erziehung traditionell großer Wert auf die Herstellung und Pflege von Beziehungen - und nicht auf Überlegenheit und Siegeswillen - gelegt wird, sind Frauen in Bezug auf emotionale Bindungen oft relativ verletzlich. Aus diesem Grund interpretieren Frauen neutrale Vorkommnisse am Arbeitsplatz oft persönlich und haben es manchmal schwer, den rein sachlichen Teil der Beziehungen zu Vorgesetzten und Mitarbeitern zu sehen. Missachtung oder »Liebesentzug«, etwa als Strafe von jemandem, der mit etwas nicht einverstanden ist, trifft Frauen wegen ihrer Beziehungsorientiertheit meist viel härter als Männer. »Ob dich jemand beleidigt, bestimmst du allein«, gibt die Münchner Trainerin Monika Scheddin in ihrem Buch *Wecke die Diva in dir!* zu bedenken und animiert dazu, sich auf das eigene Selbstbewusstsein zu besinnen. Denn: Sie sollten sich zwar nicht von Ihren Gefühlen abschneiden, aber es ist hilfreich zu wissen, dass Sie dem anderen Macht über sich einräumen, wenn Sie sich davon abhängig machen, dass er einen persönlich mag. Schließlich sind Kolleginnen und Kollegen weder Liebespartner noch Familienmitglieder. Wenn Sie den Eindruck haben, dass Sie manche Dinge im Job zu persönlich nehmen, versuchen Sie für sich, beide Ebenen auseinanderzudividieren. Die folgenden Fragen sind dabei sehr hilfreich.

Beziehungscheck

Überprüfen Sie Ihre beruflichen Beziehungen:

- Wie sieht Ihre persönliche Beziehung zur anderen Person aus?
- Wie sieht die sachliche Beziehung zur anderen Person aus?
- Wie stark wollen Sie beides miteinander verknüpfen?
- Wollen Sie mit der Person tatsächlich befreundet sein?
- Oder reicht ein gutes, kollegiales Verhältnis?
- Was ist dazu nötig?
- Welche Ihrer Ansprüche an persönliche Beziehungen können Sie besser privat ausleben statt im Job?
- Welche Vorteile bietet es für Sie, wenn die Beziehung weniger persönlich ist?
- Wie können Sie selbst Ihre sachliche, fachliche Ebene stärken, um sich unabhängiger von der Beziehungsebene zu machen?

Sie werden erkennen, wie erleichternd es ist, sich nicht davon abhängig zu machen, von jedem gemocht zu werden. Die Spielräume, die sich dann für Sie auftun, können Sie kreativ nutzen, um Ihre eigenen Vorstellungen zu verwirklichen.

5. Nutzen Sie Ihre eigenen Ressourcen für den Umgang mit Macht

Die Untersuchung »Führungsmotivation im Geschlechtervergleich« der Helmut-Schmidt-Universität Hamburg zeigt, dass die drei Faktoren Kompetenz, Rahmenbedingungen und Motivation als maßgeblich gelten, um eine Führungsposition zu erreichen. 68 Prozent der befragten Männer und Frauen waren der Meinung, dass die Motivation, Führungsverantwortung zu übernehmen, für das tatsächliche Erreichen von Führungsposten eine ganz entscheidende Rolle spielt. Die Untersuchung zeigt auch, dass Frauen, die nicht schon früh bestätigt und ermutigt wurden, bei ihrer Karriere womöglich inaktiv bleiben.

Eine wichtige Ressource für den eigenen Umgang mit Macht liegt darin, was man in der Kindheit erfahren hat. Davon ist die Münchner Trainerin Christiane Gerlacher überzeugt. Sie erinnert sich daran, wie sie als Kind einen Konflikt mit einem Mathematiklehrer hatte. Ihr Vater übte daraufhin mit ihr Mathe, vermittelte ihr aber auch die Haltung, dass Frechheit siege und dass sie sich von ihrem Lehrer nichts gefallen lassen müsse. Sicher macht es vieles einfacher, wenn Frauen solche Situationen in der Kindheit positiv erlebten. Wer solche Erfahrungen nicht erlebt hat, kann sich den Zugang zu den eigenen Ressourcen trotzdem erarbeiten. Die folgenden Fragen sollen Sie dabei unterstützen:

Machtressourcen

- Wo haben Sie als Kind zur Schulzeit gelebt? Wer war kontinuierlich bei Ihnen?
- Mit welchen Verhaltensweisen konnten Sie Einfluss auf Ihre Bezugspersonen nehmen?
- Welche Art von Macht haben Sie von ihnen zugestanden bekommen?
- In welcher Situation konnten Sie Einfluss nehmen?
- Welche Gefühle waren damit verbunden?

- Was haben Sie über sich und die anderen gedacht?
- An welche Körperreaktionen können Sie sich erinnern?
- Bei welchen Personen fühlten Sie sich hilflos?
- In welchen Situationen hätten Sie gerne mitbestimmen und Einfluss nehmen wollen?
- In welcher Situation konnten Sie keinen Einfluss nehmen?
- Welche Gefühle waren damit verbunden?
- Was haben Sie über sich und die anderen gedacht?
- An welche Körperreaktionen können Sie sich erinnern?
- Welche Entscheidung haben Sie damals in einer solchen Situation getroffen?
- Wie ist das heute in Ihrem beruflichen Umfeld? In Ihrem privaten Umfeld?
- Gibt es Ähnlichkeiten beziehungsweise Parallelen, wie Sie früher Einfluss genommen haben und wie Sie es heute tun?
- Gibt es in Ihrem heutigen Leben Parallelen zu den Situationen, in denen Sie sich früher ohnmächtig fühlten?
- Welche Entscheidung treffen Sie heute?

Wenn Sie spüren, dass zum Thema »Macht« bei Ihnen mehrere innere Stimmen im Clinch liegen, hilft es, mit der Vorstellung des »Inneren Teams« nach Friedemann Schulz von Thun zu arbeiten. Am besten nehmen Sie ein Blatt und malen auf, welche Mitstreiter sich in Ihrem Inneren zu Wort melden oder vielleicht auch einfach nur schweigend Aktionen anderer Mitspieler ins Leere laufen lassen. Mögliche Mitspielerinnen könnten beispielsweise sein: die Harmoniebedürftige, die Mächtige, die Verantwortliche, die Schüchterne, die Streitsüchtige, die Eitle oder auch das Mädchen. Die Liste möglicher Facetten ist unendlich, bei jeder Person sieht das eigene Innere Team wieder etwas anders aus. Egal, welche Mitspieler sich melden, alle sind grundsätzlich nützlich für Sie. Nur wenn eine Person sich immer in den Vordergrund drängt, wie etwa die Harmoniebedürftige, ist das unter Umständen nicht so hilfreich, zum Beispiel, wenn man gerade beschlossen hat, mehr Verantwortung zu übernehmen. Dann ist die Frage, wie sich die Mitspieler gegenseitig unterstützen oder ins Boot geholt werden können. Unter welchen Bedingungen kann die Harmoniebedürftige zustimmen, mehr Verantwortung zu übernehmen? Vielleicht unter der Prämisse, als Führungskraft die Mitarbeiter fair zu behandeln? Das ist nur eine mögliche Lösung, in Ihrem Fall kann das ganz anders aussehen. Wenn Sie allein nicht weiterkommen, lohnt es sich, ein Coaching zu machen, um in diesen Fragen Klarheit zu gewinnen.

Authentisch sein? Ja, in Maßen

Viele Frauen sorgen sich, dass sie nicht mehr authentisch sein können, wenn sie eine Führungsposition übernehmen. Es stellt sich allerdings die Frage, ob es überhaupt sinnvoll ist, immer authentisch sein zu wollen. Auch wenn das Verhältnis noch so freundschaftlich geprägt ist, spielen alle Beteiligten im Beruf immer auch eine strategische Rolle – egal, ob sie sie gerade gut oder schlecht ausfüllen. Zwar sollte man nicht unbedingt versuchen, einer beruflichen Rolle zu entsprechen, die bestimmten Anteilen der eigenen Persönlichkeit widerspricht. Aber vollkommene Authentizität im Beruf kann aus Sicht des Berliner Psychoanalytikers und Organisationsberaters Jürgen Kugele nicht erstrebenswert sein: »Das Bemühen, authentisch zu sein, führt leicht zu einer Verschmelzung mit der Rolle. Wir sind dann zu identifiziert und nehmen Dinge persönlich, die eigentlich auf organisatorischer Ebene gelöst werden müssten.« Kugele betont im Interview mit der *Süddeutschen Zeitung*, dass die Grenzziehung zwischen der eigenen Person und der Rolle, die man einnimmt, wichtig ist: »Machtpolitische Taktiken sind in Ordnung, wenn sie der beruflichen Rolle entsprechen, denn jede Führungskraft ist in einer Rolle unterwegs, die sie mit bestimmten Anteilen ihrer Persönlichkeit ausfüllen muss. Der Rolle entsprechend darf sie sich machtpolitischer Strategien bedienen, etwa Allianzen schmieden, Netzwerke nutzen oder sich selbst positionieren. Das muss sie sogar, um in ihrem Job wirksam zu sein.«

Christine Fendt, Geschäftsführerin der deutschen Tochterfirma eines internationalen IT-Unternehmens, hat das inzwischen geschafft. In 25 Jahren Berufserfahrung auf verschiedenen Positionen bei diversen IT- und Medien-Unternehmen, unter anderem als Chief Finance Officer mit Verantwortung für bis zu 120 Mitarbeiter, hat sie gelernt, ihre Rolle auszufüllen:

»Frauen sind weniger geschickt im Selbstmarketing, sie sind sehr sachbezogen, fokussieren sich mehr auf die Leistung und nicht so sehr auf ihre Positionierung. Ich habe immer wieder bemerkt, dass Männer, die viel weniger Leistung gebracht haben, sich trotzdem exzellent verkauft und Karriere gemacht haben. Nach und nach wurde mir klar: Ich darf nicht nur verkaufen, was ich gemacht habe, sondern auch, was ich tun werde. Ich darf nicht nur nach oben eskalieren, wenn es Probleme gibt, sondern ich muss nach oben viel mehr Wert auf die Darstellung der positiv erreichten Dinge legen. Ich habe mir irgendwann einmal gesagt, ich will auch ernten, will nicht nur die pflegeleichte Zuverlässige im Team sein, auf die man zählen kann, die man aber bei Beförderungen einfach übergeht.

Ein taktisch klügeres Vorgehen ist wichtig, das wurde mir erst nach und nach klar. Erst dann habe ich mehr Zeit ins Netzwerken gesteckt und mich mehr nach vorn gewagt. Es war für mich nicht leicht, mein Verhalten zu ändern. Ich stehe nicht so gerne im Vordergrund. Schon in der Schule war ich eine sehr gute Schülerin, aber zurückhaltend und schüchtern. Inzwischen habe ich durch meinen Beruf gelernt, offen auf Menschen zuzugehen. Ich habe mich gefragt: Sichtbar sein – will ich das? Und habe das mit Ja beantwortet. Dafür habe ich mich in einem Coaching mit mir selbst auseinandergesetzt und bin zu der Erkenntnis gekommen: Ja, es passt zu mir, ich kann auch ein Leader ohne Starallüren mit meiner eigenen Persönlichkeit sein. Ja, ich will die Macht annehmen, mich bewusst dazu bekennen, dass man zum Führen Macht braucht. Macht kann man missbrauchen, aber ohne Macht kann man nichts bewirken und man benötigt auch informelle Macht.

Was meine Motivation dabei war? Ein hohes Verantwortungsbewusstsein und ein Faible für Menschen. Man muss sich bewusst entscheiden, wie man mit speziellen Hemmnissen wie mit der Schüchternheit umgeht. Ich habe erkannt, dass es nicht unbedingt ein Problem sein muss. Schließlich sind auch viele Schauspieler introvertiert. Im Beruf habe ich eine Rolle, inzwischen ist es eine, die mir nicht mehr schwerfällt. Im Job spiele ich eine bestimmte Klaviatur meines Verhaltens mit dem Ziel, wirksam zu sein.

Trotzdem empfinde ich es als schwierig, fast immer die einzige Frau zu sein. Männer orientieren sich immer am Ranghöchsten in der Gruppe. Aber wie docke ich bei ausschließlich männlichen Kollegen an? Ich als Frau spreche alle an, ich will nicht wie manche Männer um den Boss ›herumscharwenzeln‹. Männer sind gerne in lockerer Runde unter sich. Würde ich mich in der Männerrunde wie ein Mann verhalten, käme das sicher nicht gut an. Ich muss den Kontakt anders suchen – und bei Meetings Small Talk machen. Ich habe inzwischen gelernt, Gelegenheiten für ein Gespräch zu schaffen. Es fällt mir mittlerweile leicht, auf Menschen zuzugehen, und ich finde meist etwas, das mich wirklich an meinem Gegenüber interessiert. Ehrliches Interesse am anderen – egal, ob Vorgesetzter, Mitarbeiter oder Geschäftspartner – öffnet fast immer Türen.«

Mikropolitik: Eigennutz als Schlüsselkompetenz

Der Führungsexperte Professor Oswald Neuberger sieht Mikropolitik als Arsenal alltäglicher »kleiner« (Mikro-)Techniken, mit denen Macht aufgebaut und eingesetzt wird, um den eigenen Handlungsspielraum zu erweitern und sich fremder Kontrolle zu entziehen. Das Interessante an Mikropolitik: Sie ist nicht per se gut oder schlecht. Mikropolitik kann destruktiv und konstruktiv eingesetzt werden und sie kann auch für die Sache genutzt werden.

Die Personalfachfrau Daniela Rastetter ist sich sicher, dass Beschäftigte mikropolitische Kompetenz benötigen. Dazu gehört, die Bedeutung von Mikropolitik zu erkennen, die passenden Strategien an richtiger Stelle gegenüber den richtigen Personen einzusetzen, und nicht zuletzt, dieses Handeln in das persönliche Selbstkonzept zu integrieren. »Frauen müssen eigennütziger werden«, fordert sie: »Möglicherweise ist Mikropolitik die letzte große Hürde von Frauen, um in großer Zahl aufzusteigen.« Das zeigt sich gut am Leistungsmythos. Um zu verschleiern, dass es in der mikropolitischen Arena nicht um Leistung geht, sondern um Eigeninteresse, wird der Leistungsmythos aufrechterhalten. Das ist selbst eine mikropolitische Strategie, so Rastetter. Frauen stecken dann übermäßig viel Energie in ihre Leistung.

Dieses Prinzip zeigt sich gerade sehr plastisch bei der Diskussion um die Frauenquote: Nein, es gehe nicht um Macht, argumentieren die hauptsächlich männlichen Leiter von Wirtschaftsverbänden und Wirtschaftsinstituten, es gehe um die Leistung. Jede Frau, die dasselbe leistet, hätte auch dieselben Chancen wie Männer. Oder es wird argumentiert, dass nicht genügend gut ausgebildete Frauen mit entsprechender Erfahrung zur Verfügung stünden, sonst hätten sie selbstverständlich dieselben Chancen. Genügend Frauen gehen auf den Leistungsmythos ein und sagen, wir brauchen keine Quote, sonst würden wir ja in unserer Leistung abgewertet. Andere Frauen hingegen lassen sich auf dieses Scheinargument gar nicht ein. Die Erfahrungen, die in den letzten Jahrzehnten in der Politik gemacht wurden, sind Gegenargument genug, um die Diskussion nicht wieder bei null zu starten. Sie sagen, wenn es eine Männerquote – so überall in Führungspositionen vorherrschend – gibt, kann es auch eine Frauenquote geben. Statt in der Opferrolle zu verharren, ist es für Frauen wichtig, mit Mikropolitik umgehen zu können. Rastetter empfiehlt dafür ein vierstufiges Vorgehen:

- *Bewusstsein*
  Frauen sollten sich klarmachen, dass sie sich im Beruf auf einem mikropolitischen Feld bewegen, ob sie das nun möchten oder nicht.
- *Methodenkompetenz*
  Frauen sollten mikropolitisches Know-how erwerben und sämtliche Taktiken kennen – ohne dass sie diese einsetzen müssen.
- *Soziale Kompetenz*
  Frauen sollten wissen, welche Rollen und Normen herrschen, innerhalb derer sie handeln können.

- *Selbstkompetenz*
  Dazu gehört zu klären: Was bin ich bereit zu tun? Wie kann ich Aufstiegsorientierung und Machtgewinn mit meinem Selbstbildnis und meiner weiblichen Identität in Einklang bringen? Und dazu gehört auch die Klärung des eigenen Verhältnisses zur Macht, wie etwa bei einem Coaching.

2. Es gibt immer einen Platzhirsch

Schöne, neue Arbeitswelt: Virtualisierung, Flexibilisierung, Projektarbeit und Matrixorganisation sind die Kennzeichen moderner Unternehmen. Kein passendes Revier mehr für männliche Selbstdarsteller und Platzhirsche, die von klassischen Hierarchien profitieren, könnte man meinen. Warum sich also mit so altmodisch wirkenden Themen wie Rangordnungen und der möglichen eigenen Positionierung darin beschäftigen? Doch diese Haltung könnte sich für Frauen als karrieretechnischer Irrtum erweisen.

Die Soziologin Anja Bultemeier hat gemeinsam mit Forschungskollegen das Thema »Strukturen und Spielregeln in modernen Unternehmen und was sie für Frauenkarrieren bedeuten (können)« untersucht. Es findet demnach eine Abkehr von der klassischen »Kaminkarriere« statt. Neben die Managementkarriere tritt die Projektkarriere und weniger ausgeprägt die Fachkarriere. Bultemeier konstatiert, dass Frauen in modernen Unternehmen inzwischen horizontal in alle Bereiche vorgedrungen sind und dass sie nun mit Männern vertikal um Positionen konkurrieren. Historisch ist das ein Novum. Ob es allerdings einen Paradigmenwechsel bei den für eine Karriere notwendigen Eigenschaften gibt, ist mehr als fraglich. Die Forschungsergebnisse zeigen eher, dass sich nur die Vorzeichen geändert haben, das zielführende Verhalten aber gleich geblieben ist. So kommt Bultemeier zum Schluss, dass es in der Arbeitspraxis moderner Unternehmen nicht die weichen Faktoren sind, die karriererelevant sind. Es gehe vielmehr darum, in einem Kontext, der nicht frei von Interessendivergenzen und Konflikten ist, seinen Platz klar einzufordern: »Unternehmen sind keine herrschaftsfreien Räume; um sich in ihnen öffentlich zu positionieren, bedarf es auch ›harter‹ Faktoren wie Zielstrebigkeit, Mut und Durchsetzungsfähigkeit. Ein zentrales Ergebnis unserer Empirie ist nun, dass Frauen es vermeiden, sich öffentlich zu positionieren und in kommunikative Aushandlungsprozesse einzutreten – insbesondere dann, wenn die Kultur in den Unternehmen konkurenziell geprägt ist.«

Neue Arbeitswelt: Eine Falle für Frauen

Auch andere Untersuchungen warnen: Ihre Karrierestrategien führen Frauen nicht an die Spitze der Unternehmen, sondern in eine Falle. Das ergab eine Studie von Soziologen der Technischen Universität Berlin, die die Karriereanforderungen in der neu strukturierten Arbeitswelt der Wissensökonomie für Frauen und Männer untersuchte. Eine von mehreren Widersprüchlichkeiten, die Professorin Christiane Funken und ihr Team aufdeckten, zeigt sich in der Projektarbeit, die zur Bewährungsprobe für den Aufstieg in der Wissensökonomie geworden ist. In den Projekten wird in interdisziplinären Teams gearbeitet, deren Mitarbeiterinnen und Mitarbeiter rund um den Globus verteilt und deren soziale wie kulturelle Prägungen höchst unterschiedlich sind. Um ein Problem für das Unternehmen schnell und effizient zu lösen, ist Kooperationsfähigkeit gefragt. Die Fähigkeit, kooperieren zu können, kollidiert allerdings mit der Anforderung, im Team sichtbar zu werden, um sich für einen Karriereaufstieg zu empfehlen. Hervorstechen könne nur derjenige, der sich von anderen absetze, erklärt Funken: »Frauen setzen stark auf Kooperation, Männer dagegen ganz selbstverständlich und primär auf Konkurrenz« – und erklimmen die oberste Sprosse der Karriereleiter. Obwohl mindestens genauso viele Frauen wie Männer in Projekten arbeiten, seien fast alle Projektleiter Männer.

Seit 1986 erforscht Sonja Bischoff, Professorin für Allgemeine

Betriebswirtschaftslehre an der Universität Hamburg, das mittlere Management in Deutschland. An der fünften Studie »Wer führt in (die) Zukunft?« beteiligten sich 2008 knapp 370 männliche und weibliche Führungskräfte. Auch Bischoff ist davon überzeugt, dass Managerinnen stärker an ihre Karriere glauben und gezielter an ihr arbeiten müssen. Ein knappes Drittel der Frauen zieht den Gedanken an eine Führungsposition gar nicht in Erwägung, gegenüber knapp einem Fünftel der Männer. Mit höherer hierarchischer Ebene wächst zunehmend der Anteil aufstiegsorientierter Männer. Es scheint also weiterhin zu gelten, dass Männer und Frauen sich an unterschiedlichen Hierarchiesystemen orientieren.

Von Natur aus anders hat Doris Bischof-Köhler, Professorin und Expertin für Entwicklungspsychologie, ihr Buch über die Unterschiede zwischen Männern und Frauen genannt. Darin beschreibt sie die männliche Rangstruktur als Dominanzhierarchie, wohingegen rein weibliche Gruppen eher eine Geltungshierarchie etablieren. Die Dominanzhierarchie ist machtorientiert, man muss sich den Rang erkämpfen. Imponieren und Einschüchtern sind die bevorzugten Strategien dabei. Ist die Rangordnung erst einmal etabliert, ist die Dominanzhierarchie trotz Wettbewerbscharakter relativ konfliktfrei – ein Punkt, der Frauen immer wieder erstaunt. Bischof-Köhler sieht die Geltungshierarchie dagegen als Basis der Demokratie, da sie eine egalitäre Sozialstruktur ermöglicht. Allerdings ist sie weniger stabil, da die Anerkennung von anderen abhängt und Anerkennung zu spenden nicht bedeutet, dass man auch bereit ist, sich dann unterzuordnen.

Simone Schaller wurde Führungskraft in der Elektroindustrie. Sie ist sehr ehrgeizig, leistungsorientiert und einsatzbereit und erhält von ihrem direkten Vorgesetzten viel Anerkennung und Unterstützung. Was ihr fehlt, ist die Anerkennung ihrer eigenen drei männlichen Mitarbeiter. Bei ihnen möchte sie etwas gelten, weil sie so gut arbeitet, Geld fürs Unternehmen spart.

Doch das ist hier der falsche Ansatz. Es geht darum, dass die Mitarbeiter sie respektieren. Und damit liegt es noch im Argen. Ein Mitarbeiter hält sich nicht an Absprachen zur Arbeitszeit, ein anderer setzt inhaltliche und formale Vorgaben nicht um und besorgt nicht rechtzeitig die vereinbarten Informationen. Hier ist Simone Schaller aufgerufen, deutlich zu machen, dass sie die hierarchische Chefin ist und sie bestimmte Erwartungen an den Mitarbeiter hat. Und sie muss sich mit ihm darüber verständigen, ob er bereit und in der Lage ist, diese zu erfüllen. Ist das Ziel vereinbart, gilt es dann erst einmal eine Weile, die Zwischenergebnisse zu kontrollieren, so lange, bis sie als Chefin wirklich respektiert wird.

»Ich bin zickig – na und?«

Diverse Studien haben immer wieder zutage gebracht, dass Frauen, die sich zurückhaltend weiblich verhalten, schlechter aufsteigen können, andererseits aber Frauen, die sich durchsetzen, als unweiblich und unsympathisch gelten. Der seit den 1980er-Jahren grassierende Begriff »Karrierefrau« klingt in den Ohren vieler Frauen wie eine Beschimpfung, so als könnte damit in keinem Fall eine »richtige« Frau gemeint sein. Interessant ist, dass sich im Beruflichen das Zusammenspiel der männlichen Dominanzhierarchie und der weiblichen Geltungshierarchie zuungunsten vieler Frauen auswirkt. Männer kämpfen untereinander um ihren Rang, ihre Kontrahenten versuchen zu gewinnen. Wenn sie das nicht schaffen, ordnen sie sich in der Rangordnung unter und warten auf bessere Gelegenheiten. Frauen starten oft gar nicht erst den Versuch, sich durchzusetzen, und ziehen dann auf jeden Fall den Kürzeren.

Die Ergebnisse einer empirischen Studie der Münchner Psychologin Nathali Klingen belegen, dass Frauen im Umgang miteinander sehr auf Gleichberechtigung und Demokratie in der Gruppe achten. Dementsprechend werden in einer reinen Frauengruppe im Allgemeinen Stärke und Kompetenz einzelner Mitglieder sowie Konkurrenz untereinander tabuisiert und offene Machtkämpfe vermieden. Das kann aber dazu führen, dass es den Frauen schwerfällt, Konflikte auszutragen.

Männer kämpfen auch gegen Frauen als potenzielle Konkurrentin – die Argumente höre ich von den Frauen in meinen Workshops und Coachings. Sie seien wahlweise unweiblich, zickig oder zu jung. Frauen nehmen diese Zuschreibungen persönlich und erhalten so in ihrem System der Geltungshierarchie nicht die Anerkennung für ihre Leistung, die ihnen aus ihrer Sicht zusteht. Ihre Reaktion ist allerdings meist nicht, das Prinzip der Dominanzhierarchie in den Blick zu nehmen und um ihre Position zu kämpfen, sondern Rückzug. Der Effekt: Die Männer bleiben unter sich – auch deshalb, weil die Frauen nicht deutlich zeigen, dass sie die Position haben wollen und dafür die Richtigen sind, egal, wie die Männer sie nun bezeichnen. Für Frauen ist es wichtig, diese Äußerungen als das einzuordnen, was sie sind – als mikropolitische Äußerungen, die im Rahmen der geltenden Dominanzhierarchie geäußert werden und Teil des Spiels sind.

Wenn Frauen im System der Geltungshierarchie gefangen sind, müssen sie sich diese Kritik zu Herzen nehmen. Wenn sie dagegen erkennen, dass die Spielregeln einer Dominanzhierarchie gelten, können sie überlegen, wie der nächste Punkt an sie geht. Denn schließlich müssen diese Männer sie nicht mögen, nicht als Frau, nicht als Person, sie müssen und sollen sie nur in ihrer Position respektieren. Das ist etwas völlig anderes. Wenn Sie diesen Blickwinkel einnehmen, werden Sie merken, dass Sie sehr viel handlungsfähiger werden. Genau das, was die Gegenseite mit ihrer Diskreditierung bewusst oder unbewusst zu vermeiden sucht.

Bei Männern wird ebenso um die Rangfolge gekämpft, nur mit anderen Mitteln und Argumenten. Das fällt Frauen durch ihre Sachorientierung aber oft gar nicht auf. Sie registrieren zuerst den vermeintlich persönlichen Angriff gegen sich selbst. Doch das Persönliche daran ist vor allem, dass die Männer eine mögliche Konkurrentin erst gar nicht mitspielen wollen lassen. Das ist aus ihrer Sicht die beste Lösung. Und funktioniert auch oft, weil sich die Frauen beleidigt, verschreckt, verärgert zurückziehen und den Männern das Terrain überlassen. Eine gute Methode, merken die Männer, und machen so weiter.

Auch das Antiquoten-Argument funktioniert so: »Dann kämen ja schlechte Frauen, oje, oje.« Und das, obwohl Quote nur bei gleicher Qualifikation greift. Aber das Spiel funktioniert, hochrangige Frauen äußern sich sogar öffentlich: »Nein, die Quote wollen wir nicht.« Anstatt zu sagen: »Netter Versuch, ich weiß sowieso, was ich leiste.« Für die Männer hat das Spiel bis jetzt gut funktioniert. Bis heute gibt es kein Gesetz, das den Unternehmen die Quote vorschreiben würde.

Interessant ist, dass die Frauen sich so sehr vom kritischen Blick abhängig machen und ständig auf Bestätigung warten, anstatt sie sich erst einmal selbst zu geben und darauf zu setzen, dass durch gutes Selbstmarketing ihr Gegenüber früher oder später diesen Eindruck auch teilen wird. Und, keine Sorge, das eigene Verhaltensspektrum clever zu erweitern, bedeutet keinesfalls, deshalb zu »vermännlichen«. Wichtig ist es, immer wieder die eigene Rolle zu reflektieren und das Spielfeld als System zu analysieren. Tom Schmitt und Michael Esser, Autoren des Buches *Status-Spiele*, wissen: »Je klarer die innere Haltung, desto einfacher ist es, einen hohen Status einzunehmen.«

Erster, Zweiter, Dritter: Den Code erkennen

Männliche Führungskräfte sehen sich eher an der Spitze, organisieren und kontrollieren die Tätigkeit ihrer Mitarbeiter und ordnen an. Frauen hingegen organisieren auch als Führungskräfte ihre Arbeit eher kreisförmig, beteiligen sich gemeinsam mit ihren Mitarbeitern an deren Umsetzung und pflegen in der Regel einen teamorientierten Kommunikationsstil. Entsprechend ihrer ganzheitlichen Einstellung favorisieren sie gemeinsame Projektbesprechungen und legen großen Wert auf den Dialog mit ihren Mitarbeitern. Die Kommunikation kann direkt zwischen den einzelnen Aufgabenbereichen fließen und ist nicht auf Anordnungen von oben beschränkt. Ein solcher weiblicher Kommunikationsstil hat viele Vorteile fürs Unternehmen – wird aber bisher noch in den wenigsten Fällen beim Aufstieg gewürdigt. Frauen scheitern vor allem an mangelnder »Aufstiegseffizienz«, meint die Bonner Managementtrainerin Monika Henn. Sie stellte in einer empirischen Untersuchung fest, dass sich männliche Führungskräfte von ihren Mitarbeitern in Durchsetzungsstärke und Belastbarkeit unterscheiden, während weibliche Führungskräfte es in Flexibilität und hoher Teamorientierung tun. Diese Eigenschaften sind zwar hilfreich für eine Führungsrolle. Doch egal, ob beim Selbstmarketing, Netzwerken, strategischen und politischen Kalkül oder Machtstreben: Frauen halten sich stärker zurück als Männer. Das behindert den direkten Weg nach oben.

Wettkampforientiertes Verhalten ist Männern schon von ihren Spielen in der Kindheit her vertraut. Sie sind darin von klein auf geübt, Rangordnungen festzulegen und Siegeswillen und

Unabhängigkeit zu präsentieren. Durch ihr Kommunikationsverhalten legen Männer in den unterschiedlichen Gruppen, in denen sich ihr Berufsalltag abspielt, ständig die soziale Hierarchie im Machtsystem fest. Dabei wird geklärt, wer der Platzhirsch ist, wer der Zweite, Dritte usw. Für die meisten Männer ein, wenn auch unbewusster, so doch vertrauter Vorgang. Frauen dagegen ist dieser Mechanismus häufig fremd. So sensibel sie für zwischenmenschliches Verhalten in der Regel sind, es entgeht ihnen doch, was auf dieser Ebene abläuft. Der Grund: Der Code ist ihnen einfach nicht vertraut. Um hierarchische Strukturen zu erkennen, hilft Feldbeobachtung nach dem Motto: »Respekt, aber keine Angst vor Platzhirschen«.

Hierarchische Strukturen erkennen

Etwas entspannter und mit mehr Distanz als in der eigenen Abteilung lässt sich der Macht-Mechanismus bei Workshops und Seminaren mit Teilnehmern aus verschiedenen Unternehmen beobachten. Dort treffen alle neu zusammen und sind grundsätzlich gleichberechtigt – oder? Gehen Sie doch bei Ihrer nächsten Fortbildung einmal in die Beobachterposition und beantworten Sie schriftlich die folgenden Fragen:

- Wer stellt die meisten Fragen?
- Wer übernimmt die informelle Position eines Co-Trainers?
- Wer möchte Formalien wie etwa die Pausenzeiten ändern?
- Wer bringt Gegenargumente?
- Wie lange dauert es, bis sich eine Rangordnung gebildet hat?

- Wie sieht die genaue Rangordnung aus, welcher Seminarteilnehmer findet sich auf welchem Platz?
- Wie kam es dazu?
- Auf welchem Platz finden Sie sich selbst wieder?
- Wie ändert sich die Rangordnung im Verlauf eines Seminars?
- Welche Strategien der Teilnehmer sind dabei erfolgreich?

So werden Sie zur Mikropolitik-Expertin

Viele Frauen haben das Platzhirsch-System nicht durchschaut und unterliegen, wenn sie ihr Verhalten ändern möchten, einem gefährlichen Irrtum. Sie glauben, sich im Job durchzusetzen heißt, den männlichen Platzhirschen Paroli zu bieten und die Konfrontation mit ihnen zu suchen, um eigene Sachthemen durchzubringen. Das ist jedoch nur dann sinnvoll, wenn sie tatsächlich einen richtigen Machtkampf den Platzhirschen gegenüber anzetteln wollen. Das kann manchmal sinnvoll sein, in den meisten Fällen ist es das aber nicht. Rollenspiele beim Coaching oder in Workshops können hier wertvolle Rückmeldung bieten, ob der Standpunkt zu aggressiv oder gar nicht hörbar vertreten wurde. Beides ist bei Frauen häufig der Fall, weil sie zu wenig Übung haben, ihre eigene Position durchzusetzen.

Ich höre immer wieder von Frauen, dass ihnen das zu sinnlos, lästig und zeitraubend ist. Auf solche Rangordnungfindungs-Spielchen einzusteigen, haben sie keine Lust. Das ist einerseits verständlich: Vom weiblichen Standpunkt der Geltungshierarchie her ist das unnötig – und in reinen Frauenteams kann man sich diese Sichtweise auch gut leisten. Dann arbeiten die weiblichen Mitglieder konstruktiv und effektiv zusammen, besprechen das sachlich Nötige, ohne Zeit für Profilierungsshows aufwenden zu müssen. Nur bestimmt man als Minderheit in Männerteams leider eben nicht die Spielregeln. Und der Verzicht auf Positionierungskämpfe bedeutet, dass Sie sich auf dem allerletzten Platz der Rangordnung wiederfinden. Das ist dann wenig nützlich, um die Sachthemen voranzubringen, die Ihnen am Herzen liegen. Andererseits gibt es viele Frauen, denen es mit etwas Übung Freude bereitet, wenn sie bei den mikropolitischen Spielchen Punkte für sich verbuchen können. Schließlich gibt es inzwischen auch Boxerinnen und Pokerspielerinnen. Selbst wenn das nicht direkt mit einem Managerposten vergleichbar ist, zeigt es doch, dass Frauen in ihrem Verhaltensspektrum grundsätzlich nicht limitiert sind.

Wie können Sie also pragmatisch punkten, um sich gut zu positionieren? Erst einmal muss Ihnen klar sein, wo sich überhaupt das Spielfeld befindet.

Platzhirsche und ihre Aktionsfelder

Ein Platzhirsch dominiert eine Gruppe. Also muss er im Team oder in der Öffentlichkeit beweisen, dass er der Tollste ist. Eine gute Bühne sind beispielsweise Abteilungsmeetings.

Hier die sieben wichtigsten Regeln, um bei Meetings und Präsentationen das eigene Terrain zu sichern:

1. Melden Sie sich in jeder Besprechung zu Wort.
2. Sagen Sie »ich«.
3. Denken Sie nicht laut.
4. Sprechen Sie nie ungefragt negativ über sich.
5. Halten Sie sich nicht mit formalistischen Details auf.
6. Punkten Sie mit Zahlen.
7. Setzen Sie anderen verbal Grenzen.

1. Melden Sie sich in jeder Besprechung zu Wort

Nicht immer muss man das große Ganze mit allen Details präsent haben, um in Besprechungen mitzureden. Es gilt nicht: »Ich weiß etwas ganz Besonderes, was noch nicht gesagt worden ist, und darum sage ich etwas.« Sondern es gilt: »Ich sage etwas und zeige damit, dass ich wichtig bin und dazugehöre. Es reicht, wenn ich meinen Vorrednern zustimme oder ihren Beitrag ergänze.« Machen Sie sich bewusst, dass wir in einer Ökonomie der Aufmerksamkeit leben.

Ulla Pöllinger, Managerin im Vertrieb eines amerikanischen Medienunternehmens, hat das mit zunehmender Berufserfahrung gelernt. Früher war sie in Verhandlungen oft zurückhaltend. »Heute beziehe ich eher Position – auch ohne eine kleine Studie oder exakte Zahlen parat zu haben.« Sie hat sich vom Perfektionismus ihrer Anfangsjahre gelöst – und nimmt in Kauf, dass eventuell ein nicht so wichtiges Detail nachgetragen werden muss.

Der Personalexperte Peter Friederichs forderte als Bereichsleiter in einer Großbank seine Mitarbeiterinnen immer wieder auf, während besonders wichtiger Besprechungen etwas zu sagen – und das bereits in der ersten Viertelstunde, um zu zeigen: »Ich bin hier, ich nehme Einfluss.« Einer Mitarbeiterin erklärte er das ganz ausdrücklich, indem er sagte: »Sie sind hier nicht als Privatperson. Sie sind hier in Ihrer Berufsrolle, für die Sie bezahlt werden – so wie eine Schauspielerin, die auf der Bühne den Text von Gretchen im Faust spricht.« Friederichs ist überzeugt: »Frauen unterliegen oft dem Irrtum, es müsste relevant sein, was sie sagen, damit sie respektiert werden. Dabei ist es genau umgekehrt. Wenn sie nichts sagen, sieht keiner ihre Kompetenz und keiner nimmt sie ernst. Für Männer ist es einfach wichtig, den Standpunkt der anderen zu kennen – auch wenn er derselbe ist wie der eigene.« Es gilt: Wenn man sich trifft, sollte man auch was sagen. Wer nichts sagt, kann ja gehen.

Um die eigene Bedeutung und symbolisch die Größe des Reviers zu unterstreichen, ist die Redezeit ein wichtiges Hilfsmittel. Achten Sie also darauf, dass Sie nicht zu kurz sprechen. Dazu neigt man leicht aus Unsicherheit, weil man den unangenehmen Akt des Sprechens vor anderen möglichst schnell hinter sich bringen will. Als Gegenstrategie hilft es, sich vorher positiv auf die Besprechung einzustimmen – etwa, wie schön es ist, dass man etwas zu sagen hat und dass die anderen einem genauso zuhören müssen wie man selbst ihnen. Gegen das Abkürzen eines Redebeitrags hilft auch, sich vorher Stichpunkte zu notieren – und dann auch wirklich zu jedem Punkt etwas sagen. Außerdem sollten Sie sich nicht unterbrechen lassen, sondern mit Ihrem Thema fortfahren. Das ist für viele Frauen nicht einfach. Gestehen Sie sich eine gewisse Übergangszeit zu. Wirksamer, als bestimmte Formulierungen für solche Situationen auswendig zu lernen, ist es, sich eine bestimmte Haltung zuzulegen. Nämlich: davon überzeugt zu sein, dass das eigene Thema wichtig ist und deshalb zu Ende gebracht werden muss. Gestehen Sie Ihrem Kollegen innerlich ruhig zu, dass er mit seiner Unterbrechung einen Platzhirsch-Punkt machen will. Aber lassen Sie es ihm trotzdem nicht durchgehen. Zu den wichtigen Formalien bei Besprechungen gilt auch, grundsätzlich nie die Letzte zu sein, die das Wort ergreift. Das wertet Sie ab und führt zu Reaktionen wie »Jetzt will die auch noch was sagen«.

Auch wenn es wichtig ist, sich zu Wort zu melden, gilt: Überstürzen Sie nichts, wenn Sie eine neue Position übernehmen. Schließlich müssen Sie erst einmal den Code kennenlernen und ein Gespür dafür entwickeln, auf welche Art und Weise in der Runde kommuniziert wird.

Clara Nowak, Abteilungsleiterin Firmenkunden bei einer Versicherung, fühlte sich bei ihren ersten Besprechungen im Führungszirkel an fremde Eingeborenenrituale erinnert: »Ich verstand weder, was besprochen wurde, noch war mir klar, ob, und wenn ja, was beschlossen wurde.« Eine Kollegin, die an diesen Besprechungen schon länger teilnahm, beruhigte sie: Das sei ganz normal. Inzwischen hat sich Clara Nowak an das Imponiergehabe der Männer gewöhnt und kann die wichtigen Aussagen herausfiltern. Und sie fordert sich selbst zum Mitspielen auf: »Hey, du musst lauter sein, nur dezent reicht nicht.«

2. Sagen Sie »ich«

Ulla Schilder, die bereits zitierte Software-Expertin in einem Telekommunikationsunternehmen, war erst einmal erstaunt, als in ihrer Abteilung ein neuer Gruppenleiter anfing. Er war aktiv, äußerte seine Meinung deutlich und machte mit seinen Statements oft andere nieder: »Das typische Platzhirsch-Verhalten, er tut so, als ob er genau weiß, wie's läuft und was richtig ist.«

Wichtig ist, den Gesprächspartnern zu vermitteln, dass man zu den eigenen Aussagen steht. Die Verwendung des Wortes »ich« ist dazu sehr hilfreich. Was wie eine Selbstverständlichkeit klingt, ist es noch lange nicht. Frauen halten sich im Job immer noch viel zu vornehm zurück. So sind – trotz aller Aufklärungshilfe von Sprachexpertinnen wie Deborah Tannen – bei vielen immer noch Wörter wie »könnte«, »hätte«, »sollte« sehr beliebt. Dabei ist grundsätzlich eine sparsame bis geizige Haltung diesen Wörtern gegenüber angebracht. Der Konjunktiv relativiert die eigene Meinung. Frauen präsentieren sich damit nicht als Gewinnerinnen, sondern laden alle anderen damit ein, zu denken und dann auch zu sagen, dass »man das aber ganz anders machen könnte«.

Doch es gibt viele Situationen, in denen es strategisch sinnvoll sein kann, nicht tough auf die eigene Position pochend aufzutreten, sondern sich bewusst indirekt auszudrücken. »In vielen Fällen ist es sinnvoll, mein Gegenüber zu fragen, ob man dies oder jenes nicht auch so oder so machen könnte«, sagt Petra Wieland, Marketingleiterin bei einem mittelständischen Unternehmen. »Denn dann hole ich die betreffende Person viel besser bei ihrem Standpunkt ab, ohne ihren Widerstand zu provozieren. Gerade wir Frauen haben doch die Fähigkeit zu merken, wo sich der andere befindet.«

Notwendige Voraussetzung, um »ich« sagen und auf die eigenen Leistungen verweisen zu können, ist, die eigene Leistung auch anzuerkennen. Frauen sind oft sehr zurückhaltend, wenn es darum geht, von ihren eigenen beruflichen Erfolgen zu berichten, hat die Vertriebsmanagerin Ulla Pöllinger festgestellt. Doch die eigenen Leistungen bekannt zu machen, muss nicht bedeuten, dass man sich persönlich in den Vordergrund spielen will. Ihre Strategie: Sie setzt bewusst auf »Best-Practice«-Management, indem sie Kollegen und Vorgesetzten den Stand ihrer Projekte und die Ergebnisse mitteilt. »Früher dachte ich auch, dass es nicht gut ankommt, auf Erfolge zu verweisen. Aber inzwischen habe ich ein besseres Selbstbewusstsein für meine Arbeit entwickelt und erkannt, dass falsche Bescheidenheit schnell zu mangelndem Informationsfluss führen kann.«

3. Denken Sie nicht laut

Mareike Buchholz, Landschaftsarchitektin, ist begeistert von ihrem kreativen Beruf. In dem zehnköpfigen Team des Planungsbüros, in dem sie direkt nach dem Studium einen Job gefunden hatte, fühlte sie sich in der netten und kollegialen Atmosphäre wohl. Sie betreute selbstständig ein kleineres Projekt und war stolz darauf, bei Besprechungen nach ihrer Meinung zu Dingen gefragt zu werden, die ihr Projekt betrafen. Der Firmenchef kam dabei oft mit neuen Ideen und Fragen auf sie zu, ob man etwas so oder so machen könne. Sofort sprudelte Mareike Buchholz los und fing an, laut zu überlegen: »Ja, dies und jenes würde dafür sprechen, das in Zukunft so und so zu machen ... aber nein, das und das würde dagegen sprechen ... ja und dann wäre da noch der und der Aspekt zu beachten ...« Obwohl Mareike stolz darauf war, ihren Chef an ihren kreativen Gedanken teilhaben zu lassen, fühlte sie sich doch von Mal zu Mal unsicherer und unwohler, wenn sie so antwortete.

In einer Besprechung als Frau laut zu denken, um so freundlich eine Beziehung zum anderen herzustellen, davor warnt das australische Gender-Duo Barbara und Allan Pease ausdrücklich. Ein Mann meint dann, dass die Frau ihm eine Liste mit Problemen vorlegt, die er für sie lösen soll, und macht sich Sorgen, regt sich auf oder will ihr sagen, was sie tun soll. Auch wenn die Autoren in den letzten Jahren wegen mangelnder Wissenschaftlichkeit stark kritisiert worden sind, sollten Frauen folgende Überlegung beherzigen: »In einer geschäftlichen Besprechung halten Männer eine Frau, die laut denkt, für zerstreut, undiszipliniert oder dumm.« Sie sollten Männer daher nur an den Schlussfolgerungen Ihres Denkens teilhaben lassen.

4. Sprechen Sie nie ungefragt negativ über sich

Beobachten Sie sich und Ihre weibliche Umgebung einmal genau. Sie werden feststellen, wie häufig Frauen ungefragt etwas Negatives über sich erzählen, obwohl das gar nicht nötig wäre. Egal, ob sie ungefragt zugeben, etwas nicht gewusst zu haben, sich in einem Workshop mit einer Schwäche vorstellen oder berichten, was bei einem Projekt nicht geklappt hat. Und oft schließen sich andere Frauen an und berichten eigene Negativbeispiele. Unter Frauen macht man sich so sympathisch, man zeigt, dass man auch nichts Besseres ist. In reinen Frauenteams kein Problem. Doch Männer verstehen diese Botschaft nicht. Unterdrücken Sie deshalb Ihren Impuls, ebenfalls eine Geschichte, die Sie negativ-sympathisch erscheinen lässt, zu erzählen. Sie werden merken, wie schwer das fällt, selbst wenn man sich über den Mechanismus im Klaren ist. Hier hilft nur Üben!

5. Halten Sie sich nicht mit formalistischen Details auf

Wer öffentlich auf Formalien beharrt, zeigt Schwäche. Wenn Frauen in Besprechungen Kollegen oder Vorgesetzte darauf hinweisen, dass doch noch das Detail auf Seite 13 ihres Berichts zu beachten sei, ist das zwar sachlich richtig, aber sie zeigen vor allem, dass sie Expertinnen für Details sind und nicht fürs große Ganze. Solches Feintuning können Sie besser unter vier Augen besprechen. Das Meeting sollten Sie nutzen, um Ihre Position deutlich zu machen.

6. Punkten Sie mit Zahlen

Männer lieben Zahlen, Tabellen und Statistiken. Egal, ob Mathe Ihr Lieblingsfach in der Schule war oder nicht, ob Sie Controlling für einen Traumberuf halten oder nicht, nehmen Sie die Herausforderung an und üben Sie den Umgang mit Tabellen und Statistiken und was man aus ihnen herauslesen kann. So meldete sich Ulrike Schlüter als Chefredakteurin in größerer Runde mit den Verlagsmanagern mit einer statistischen Anmerkung zu Wort. Einer der obersten Manager studierte die Tabelle noch einmal, alle schwiegen. Dann sagte er: »Ich muss Frau Schlüter recht geben.« Das bringt natürlich in der Gruppe Punkte in der Rangordnung.

7. Setzen Sie anderen verbal Grenzen

Auf abwertende Bemerkungen müssen Sie sofort reagieren. Dabei ist es wichtig, die eigene Unsicherheit nicht zu zeigen. Oft lohnt sich ein Pokerface, weil die anderen (vor allem Männer) gar nicht merken, wie Ihnen wirklich zumute ist.

Ulla Schilder hatte schon immer das Gefühl, kämpfen zu müssen, um ernst genommen zu werden, da sie immer jünger geschätzt wird, nur 155 Zentimeter groß ist und dazu noch eine Frau. Vielleicht ein Grund dafür, warum sie besonders empfindlich auf abwertende Bemerkungen reagiert: »Bei einem Projekt sagte ein männliches Projektmitglied ›Mädchen‹ zu mir, da habe ich ihn sofort in die Schranken gewiesen und gesagt, dass diese Anrede nicht okay ist. Und das hat er auch akzeptiert. Sicher, es wäre noch schöner gewesen, ich hätte etwas Schlagfertiges, Witziges sagen können, aber Hauptsache, es funktioniert.«

Schlagfertig jemanden in die Schranken zu weisen, ist sicher schön. Aber es bringt nichts, hier ein weiteres Feld für weiblichen Perfektionismus zu eröffnen – nach dem Motto: »Es reicht nicht, den anderen seine Grenzen aufzuzeigen, ich muss es auch noch schlagfertig tun.« Sicher, man kann Schlagfertigkeit üben, aber man sollte dafür nicht zu viel Energie investieren. Schlagfertigkeit ist das Sahnehäubchen der Souveränität. Wenn man sich sicher fühlt, wird man oft wie von selbst schlagfertig und kann sich daran freuen. Viel wichtiger, als schlagfertig zu sein, ist es aber, sich dann abzugrenzen, wenn es nötig ist. Und: Wer sich rechtfertigt, hat schon verloren. Ziehen Sie eine Grenze und dann gilt, einfach einmal zu schweigen – und nicht eine Erklärung nachzuschieben, um sich doch gleich wieder beliebt zu machen. Pokerface aufsetzen und Ruhe bewahren. So festigen Sie Ihre Position. Wenn Sie weiter sprechen, wird der andere das als Zurückrudern interpretieren und Sie nicht ernst nehmen.

Eine tiefe Stimme vermittelt einen höheren Status. Frauen wird oft vorgeworfen, dass ihre Stimmen zu hoch sind – ich frage mich, ob man auf das Argument überhaupt eingehen sollte, schließlich geht es nicht um ein Sprechercasting. Und je mehr Frauen in höheren Positionen arbeiten, umso mehr werden sich alle daran gewöhnen, auch mal eine höhere Stimme zu hören. Interessant ist aber der Hinweis des Autors Tom Schmitt, dass eine Stimme durch Entspannung und durch langsameres Sprechen tiefer wird. Beides vermittelt Souveränität, und das kann nie schaden. Aus diesem Grund lohnt sich ein Stimmtraining, wenn Sie den Eindruck haben, dass Sie hoch und schnell sprechen – und vielleicht auch das Gefühl haben, schnell dabei zu ermüden.

»Der hat mir meine Idee weggenommen ...«

Bei diesem Klassiker bei Besprechungen muss ich manchmal an kleine Mädchen denken, die sich auf dem Spielplatz mit leisem Stimmchen beschweren, wenn ein Junge etwas macht, was ihnen nicht gefällt: »Der darf das nicht!« Ja, stimmt, der Junge darf das Mädchen am Klettergerüst nicht einfach zur Seite drängeln und der Kollege darf Ihnen in der Besprechung auch nicht einfach die Idee wegnehmen. Und tut es trotzdem. Das höre ich in vielen Vorträgen und Workshops immer wieder. Was meistens geschieht? Die Frauen ärgern sich und lassen es durchgehen. Sie erwarten, dass sie mit ihrer Idee etwas gelten. Dabei geht es um Dominanz. Das heißt, Sie sind aufgefordert, sofort deutlich zu machen, dass es Ihre Idee war. Je nach Situation bieten sich dafür unterschiedliche Formulierungen an. Eine könnte sein: »Ich freue mich, dass Sie meine Idee unterstützen. Bei Punkt x ist noch folgender Aspekt zu beachten ...«

Doch es könnte sich auch lohnen, früher anzusetzen. Ich bin mir oft nicht sicher, ob die Frauen bei der Äußerung ihrer Idee tatsächlich die Aufmerksamkeit des männlichen Publikums hatten und deutlich gemacht haben, dass es ihre Idee war. Ich vermute, dass Frauen auch eine andere Ausstrahlung hätten und weniger in Gefahr gerieten, dass ihnen ihre Ideen weggenommen werden, wenn sie stärker darauf achteten, sich mit ihren Ideen gut zu positionieren und ihre Argumentation für Besprechungen umfassend strategisch vorzubereiten. In solchen Situationen einmal anders zu reagieren, lässt sich im Coaching oder in Workshops gut in Rollenspielen trainieren.

Der Platzhirsch kämpft auch für die Bedeutung »seiner« Abteilung. So machte Ulla Schilder in ihrem Unternehmen eine interessante Beobachtung. Mit der EDV klappte etwas nicht. Ein Kollege der Fachabteilung beschwerte sich bei Ulla Schilders Kollegin in der EDV-Abteilung. Die Kollegin war sofort bestürzt und sah die EDV-Abteilung in der Verantwortung. Die Ursache des Fehlers war aber noch gar nicht klar. Daraufhin mischte sich der Gruppenleiter der EDV-Abteilung ein und sagte zum Kollegen aus der Fachabteilung: »Wir wollen Ihr Problem beheben.« Anstatt sich den Schuh gleich anzuziehen, zog er erst einmal eine Grenze und wies den Angriff auf die EDV-Abteilung zurück.

Platzhirschen virtuell Paroli bieten, aber wie?

Auf diese fünf Punkte sollten Sie bei Mails achten:

- Das Verteiler-Spiel: Ein Mann will seine eigene Bedeutung klarmachen und sich gleichzeitig im Machtgefüge mit seiner Position absichern. Der Spielzug besteht darin, eine E-Mail, die die eigene Position deutlich macht oder mit der er jemanden angreifen möchte, an einen möglichst großen Verteiler zu schicken. Auf Frauen wirkt das meist lächerlich, auf manche Männer auch. Aber Vorsicht, keine Illusionen bitte: Wenn dieses Verhalten nie etwas bringen würde, wäre es bestimmt schon längst der Büro-Evolution zum Opfer gefallen. Achten Sie also darauf, wann Sie bei einer Rückantwort auch den ganzen Verteiler in CC setzen müssen, damit alle sehen, dass Sie sich gegen diesen Angriff zur Wehr setzen und ihn abweisen.

- Geben Sie kurze, prägnante Anweisungen wie etwa »asap«.
- Vermeiden Sie auch in Mails verwässernde Konjunktive wie »würde«, »hätte«, »könnte« oder Ausdrücke wie »vielleicht«.
- Formulieren Sie kritische Punkte trotzdem nicht zu direkt. Seien Sie sich bewusst, dass anders als bei einem Telefonat eine ausgedruckte Mail als Trumpf in einem mikropolitischen Spielchen genutzt werden könnte.
- Nennen Sie Ihren Titel in der Signatur.

Machen Sie sich als Expertin wichtig

Schon kleine Jungs versuchen einen guten Platz in der Dominanzhierarchie zu erreichen – entweder durch Aggression oder Expertentum. Überlegen Sie einmal, wie sogar Jungs im noch nicht schulpflichtigen Alter bereits Experten für Dinosaurier, Pokemon-Figuren oder Autos sind. Machen Sie sich dieses Prinzip im Job zunutze, werden Sie zur Expertin und zeigen Sie sich als solche. Als Expertin müssen Sie sich trauen, Ihr Wissen in der Runde einzubringen, und sich notfalls gegen andere behaupten, die ihren Platz in der Rangordnung ebenfalls mit Wissen oder geschicktem Halbwissen zu diesem Thema einnehmen wollen. Wenn Sie nach Gebieten Ausschau halten, auf denen Sie zur Expertin werden könnten, übersehen Sie dabei nicht, mit wichtigen Infos für den Job zu punkten. So glänzen Managerinnen mit Wissen über Branchentrends und News von Kundenunternehmen – das kommt immer gut an, auch bei informellen Treffen. Denn egal, ob traditionelles oder modernes Unternehmen: Es ist wichtig, sich öffentlich zu positionieren. Folgende Bühnen können Sie dafür nutzen:

- Beiträge auf Tagungen und Kongressen
- Vorträge bei Verbänden und Vereinen
- Artikel in Fachzeitschriften
- Beiträge im firmeneigenen Intranet
- Beiträge in Blogs und Foren
- Xing-Profil mit Themenschwerpunkten

Interessant ist in diesem Zusammenhang auch die Begründung der Redaktion des *Personalmagazins*, die auch 2011 wieder die »40 führenden Köpfe des Personalwesens« kürte: »Deutlich unterrepräsentiert sind auch weibliche Arbeitsrechtler, weil diese (noch) zu wenig herausragen und auf sich aufmerksam machen.« Frauen sind also aufgerufen, sich deutlich mehr in der Öffentlichkeit zu zeigen.

Ergebnisorientierte Besprechung

Sie sind genervt, dass Besprechungen immer so lange dauern, weil das Platzhirschgehabe so viel Zeit kostet? Das sind viele Männer auch. Sie stecken in einem Dilemma, weil sie sich zwar einerseits darstellen wollen, sie aber andererseits auch unter Leistungsdruck stehen und ihnen die Besprechungszeit für andere Aufgaben fehlt.

Sie können dieses Dilemma als Chance nutzen, um Meetings so mitzugestalten, dass sie kürzer dauern. Dabei sollten Sie den Platzhirschen anfangs zwar zunächst etwas Zeit zur Selbstdarstellung einräumen, dann aber ergebnisorientierte Fragen stellen:

- Was wollen wir erarbeiten?
- Wie viel Zeit ist für die Besprechung vorgesehen?
- Wie geht es weiter?
- Was sind die Ergebnisse?
- Wer ist für die Umsetzung zuständig?

Geben Sie den Platzhirschen so die Möglichkeit, statt sich mit endlos vertaner Redezeit lieber mit den Ergebnissen zu schmücken. Dafür werden alle Teilnehmer dankbar sein und Sie werden als Teilnehmerin eine aktivere Rolle haben und nicht passives Opfer des Platzhirschgebarens sein.

Das eigene Terrain abstecken: Die eigene Mitte finden

Tamara Kochnanek, Systemberaterin bei einem amerikanischen IT-Unternehmen, arbeitete so erfolgreich, dass sie von der Kollegin zur Vorgesetzten einer Vertriebsabteilung wurde. Doch der Wechsel war nicht einfach. Die Abteilung wurde neu aufgebaut. Vier Wochen vor dem Start wurde im Team bekannt gegeben, dass sie die neue Chefin sein würde. Im Team waren nur Männer, alle älter als sie mit ihren damals 34 Jahren. Einer davon hatte sie sogar eingestellt. Auf die Beförderungsankündigung im Meeting war die Reaktion sehr verhalten. Der Vorgesetzte überreichte einen Blumenstrauß und promotete sie mit netten, freundlichen Worten. Tamara Kochnanek war dagegen unwohl: »Ich hatte Schuldgefühle und dachte, ich bin die Jüngste, das steht mir gar nicht zu. Zwar war ich vorher im Konzern mit Auszeichnungen bedacht worden, trotzdem hatte ich Angst und fragte mich, ob ich das überhaupt packe.« Vorbereitung in Form von Schulungen? Fehlanzeige.

Sie wurde ins kalte Wasser geworfen: »Jetzt stand ich vor den ehemaligen Kollegen und sollte zeigen, wo der Hase langläuft. Obwohl ich mutig bin, hatte ich ›Muffensausen‹, hatte sofort das Gefühl, das werden Machtkämpfe.« Plötzlich war sie Außenseiterin und konnte nicht mehr als Teammitglied mit ihren Exkollegen, die nun ihre neuen Mitarbeiter waren, reden: »Meine Sprache war nicht die eines Managers: Ich sagte ›könnte‹, ›sollte‹, ›müsste‹, ›bitte‹, ›danke‹. Das spiegelte meine Unsicherheit wider.« Die Mitarbeiter saßen vor ihr und sagten »ja, ja« zu allem. Sie verbündeten sich nicht offiziell gegen sie, aber jeder für sich wies sie zurück. Sie hatte den Eindruck, dass die Haltung vorherrschte: »Die Chefin ignorieren wir, wir haben bis jetzt auch keinen Vorgesetzten gebraucht.«

Tamara Kochnanek fühlte sich »völlig allein und ohnmächtig« und schottete sich gefühlsmäßig total ab: »Ich wurde sehr hart und zog mich in mich selbst zurück.« Ihre Strategie bestand darin, sich furchtbar aufzuregen und deutlich verstehen zu geben: »Ich bin hier die Chefin und das wird jetzt gemacht. Punkt!« Sie führte eine Reporting-Struktur ein und ließ einmal pro Woche einen Bericht schreiben. Zunächst bekam sie keinen einzigen pünktlich. Erst schickte sie freundliche E-Mails, dann schärfere, bis sie drohte, den quartalsmäßig ausgezahlten variablen Gehaltsanteil zu streichen. Es dauerte rund ein Vierteljahr, bis sich das Reporting einspielte. Den Rückzug der Mitarbeiter, die eigene Wege gingen, meist beim Kunden waren und kaum Feedback gaben, bekämpfte sie mit Einzelgesprächen: »Das war sehr anstrengend, aber die einzige Möglichkeit, nach und nach mein Team zurückzuholen.«

Tamara arbeitete 60 bis 80 Stunden die Woche und konnte den Job auch sonst gedanklich nie loslassen. Drei Monate lang schlief sie fast keine Nacht mehr durch. Im Arm hatte sie sogar Lähmungserscheinungen. Ihr Hobby war der Beruf, ihr Freundeskreis sehr begrenzt. Und der Job belastete auch die Beziehung und die Psyche ihres Partners. Im Urlaub war sie nur mit der Firma beschäftigt: »Es war eine Spirale aus Arbeit, Arbeit, Arbeit. Das ist wie eine Sucht, man kommt nicht raus, selbst wenn man auf die Bremse treten will. Andererseits wollte ich nicht mit 36 an einem Herzkasperl eingehen und ich wollte diese harte Schiene wieder ablegen.«

Inzwischen hat sie die Mitte gefunden: »Heute sind wir wirklich ein Team und haben lockeren Kontakt untereinander. Ich versuche ernsthaft zu sein, aber trotzdem noch lächeln zu können.« Was ihr dabei geholfen hat? Vor allem eine psychologische Weiterbildung in Neurolinguistischem Programmieren. Die wichtigste Erkenntnis war dabei: »Ich muss mich mit mir selbst auseinandersetzen.« Das führte dazu, dass sie die Situation der Mitarbeiter besser verstehen konnte. Heute hat sie das Gefühl, gerade noch rechtzeitig die Kurve bekommen zu haben: »Als Frau dachte ich, alles müsse permanent 150-prozentig perfekt sein. Alles müsse beim ersten Schuss sofort sitzen.« Erst mit der Zeit merkte sie, dass es auch anders, langsamer geht, und sie lernte zu delegieren: »Für die Männer ist es ein Spiel, für mich war es bitterer Ernst. Mein Chef hat oft nicht verstanden, was mich drückt, wahrscheinlich dachte er, ich sei überspannt.«

Tamara sagt von sich selbst, dass sie in ihrer »autoritären Phase« sicher keinen weiblichen Führungsstil hatte. Das wurde ihr auch vermittelt: »Du wirst jetzt richtig wie ein Mann«, urteilten die Mitarbeiter. Doch eine Vorstellung, wie sie als Frau Management betreiben könnte, hatte sie nicht: »Es war ein Vakuum. Ich hatte keine Vorbilder, keine Role-Models, nichts. Stattdessen war es für mich ›Trial and Error‹.« Heute empfindet Tamara es so, dass sie viele Schritte weiter ist. Wenn jemand etwas infrage stelle, könne sie es sich inzwischen leisten, auf andere Meinungen einzugehen – anstatt sich zu rechtfertigen oder den anderen abzuwürgen. Heute wirke sie durch Souveränität: »Und wenn ich richtig sauer bin, sage ich das auch. Ich stehe heute zu meinen Gefühlen und zeige sie auch.« Inzwischen hat sie sogar den Eindruck, dass die Männer stolz sind, eine Chefin zu haben.

Respektieren Sie fremdes Terrain

Zum Thema »Platzhirsch« gehört auch die Vorstellung, dass die »Hirsche« jeweils ein Revier besetzen, das abhängig von ihrer Bedeutung unterschiedlich groß sein kann. Der Knackpunkt ist, dass Männer untereinander die Reviere der anderen normalerweise im Blick haben und respektieren. Sie sind sich im Berufsleben unbewusst oder bewusst völlig klar darüber, welche Entscheidungen oder Vorgänge Folgen für den Bereich des anderen haben könnten. Und wenn sie in das Terrain eines anderen eingreifen, sind sie sich klar darüber, dass es dadurch zu Konflikten kommen kann. In den meisten Fällen unterlassen sie es deshalb und tun es nur dann, wenn sie tatsächlich einen Machtkampf mit dem anderen Platzhirsch riskieren wollen.

Frauen orientieren sich an der Sache und haben für diese Spielregel oft kein Gespür. Sie schlagen vor, was man wie in anderen Revieren ändern könnte. Dadurch machen sie sich bei den männlichen Kollegen nicht beliebt. Männer empfinden so etwas als Angriff. Die plötzliche Feindseligkeit, die sie dann ausstrahlen, können Frauen nicht nachvollziehen: »Ich habe es doch nur gut gemeint, ich habe doch nur für die Sache argumentiert.« Das Unternehmen voranzubringen, ist zwar ein hehres und wichtiges Ziel, die meisten Männer sind aber darauf bedacht, dass das nicht auf Kosten ihres eigenen Einflussbereichs im Machtsystem geht. Diesen müssen sie vor Eindringlingen unbedingt schützen. Sie sollten also lieber zweimal überlegen, ob Sie Vorschläge machen, die nicht nur Ihre eigene Abteilung, sondern auch andere Abteilungen betreffen.

Wenn Sie merken, dass Sie bei einem hierarchisch gleichgestellten Kollegen aus einem anderen Bereich mit einem Thema nicht weiterkommen, nutzen Sie das Revierdenken der Männer und spielen Sie über Bande. Binden Sie Ihren Vorgesetzten mit ein, sodass er Ihre Idee zu seiner macht. Wenn er sich dann mit dem Vorgesetzten Ihres Kollegen auseinandersetzt und dabei erfolgreich ist, haben Sie das Problem mit dem Kollegen gelöst, denn der ist schon von seinem Vorgesetzten in Ihrem Sinne gebrieft worden.

Die Platzhirsche motivieren

Frauen sollten immer bedenken, dass ihre Vorschläge konkreten Nutzen für die Platzhirsche bieten müssen. Um zu erkennen, worin der Nutzen liegen könnte, hilft es, sich das Modell der Maslow'schen Bedürfnispyramide vor Augen zu führen. Der amerikanische Psychologe und Motivationsexperte Abraham Maslow geht dabei davon aus, dass es eine Hierarchie der Bedürfnisse gibt, die in einer festgelegten Reihenfolge befriedigt werden müssen:

1. Ebene: Körperliche Bedürfnisse
2. Ebene: Bedürfnis nach Zugehörigkeit und Liebe
3. Ebene: Bedürfnis nach Achtung: Wertschätzung der eigenen Person, Anerkennung von Leistung, Kompetenz, Wunsch nach Prestige, Ruhm, Status und Freiheit
4. Ebene: Bedürfnis nach Selbstverwirklichung

Frauen können dem Bedürfnis der Platzhirsche nach Anerkennung Rechnung tragen. Beispielsweise können sie ihrem Vorgesetzten gegenüber so argumentieren: »Wenn wir diesen Vorschlag auf die besprochene Art und Weise umsetzen, sind wir schlagkräftiger und können so besser im Unternehmen das von Ihnen initiierte Projekt erfolgreich voranbringen.« Damit ist der Chef als Initiator des Projektes gewürdigt und die Formulierung zeigt einen Weg auf, wie er sich als Platzhirsch im Unternehmen profilieren kann. Da Frauen oft so sehr die Sachebene im Blick haben und der Meinung sind, dass auf dieser Ebene doch schon genügend Vorteile für ein bestimmtes Vorgehen zu finden sind, kann ein Coaching helfen, Argumente zu finden, warum diese Entscheidung oder Vorgehensweise speziellen Nutzen auf der Dominanzebene hat. Gleichzeitig werden dabei Argumente für die eigene Position gesammelt und es kann überlegt werden, wie sie sinnvoll mikropolitisch eingesetzt werden. Wenn Frauen nicht in ihrer Harmoniebedürftigkeit stecken bleiben, sondern sie es sich zur spielerischen Aufgabe machen (Verlieren erlaubt!), ein solches Gespräch gut zu führen (und sich vorher gut darauf vorzubereiten), haben sie sehr gute Chancen, dann auch das gewünschte Ergebnis zu erzielen.

Der Chef als Platzhirsch – oder Ihr wichtigster interner Kunde

Weil Männer bereit sind anzuerkennen, dass es immer einen Platzhirsch gibt, sind sie auch bereit, ihren Chef als solchen zu respektieren. Er ist eben einfach für den Moment der mächtigere Platzhirsch. Das heißt, die meisten Männer sind sich vollkommen darüber im Klaren, dass ihr Chef die wichtigste Person für ihre Karriere ist. Es gelingt ihnen, ihn als wichtigsten internen Kunden zu sehen. Und das bedeutet, dass die Zufriedenheit des Chefs mit ihnen für ihren eigenen Erfolg unabdingbar ist.

Frauen bewerten ihre Vorgesetzten häufig nach ihren eigenen moralischen und oft sehr hohen Leistungsansprüchen. Wehe, die Vorgesetzten erfüllen diesen Anspruch nicht und schmücken sich dann noch mit der Arbeit ihrer Mitarbeiterin! Unter Männern ist Loyalität gegenüber Höhergestellten und hierarchisches Zuarbeiten normal. Für Frauen gilt das keinesfalls. Sie sind häufig nicht bereit, von ihren Vorstellungen abzugehen, und wundern sich, warum ihr Verhältnis zu ihrem Chef nicht besonders gut ist. Männliche Vorgesetzte erwarten, dass Mitarbeiter ihnen gegenüber loyal sind. Für sie ist es in der Regel selbstverständlich, sich mit den Leistungen ihres Teams zu profilieren.

Was tun? Frauen haben die Wahl: Sie können ihre eigenen Einstellungen und ihr eigenes Verhalten ändern oder das Risiko in

Kauf nehmen, ein schlechtes Verhältnis zu ihrem Chef zu haben. Oft sind qualifizierte Frauen dermaßen in ihren Zorn auf den vermeintlich völlig unfähigen Vorgesetzten verstrickt, dass sie sich ihm gegenüber illoyal verhalten, ohne sich darüber im Klaren zu sein.

Chefinnen und ihre Mitarbeiterinnen: Demokratischer Anspruch

Auch die Soziologieprofessorin Christiane Funken weiß aus ihrer Forschung: Bei Frauen ist die Sensibilität für die hierarchische Psychostruktur wenig ausgeprägt. Funken kennt viele weibliche Führungskräfte, die einen sehr kollegialen und freundschaftlichen Umgangston pflegen. Interessanterweise kommen die männlichen Mitarbeiter damit gut zurecht und wahren immer eine gewisse Distanz: »So locker der Ton auch ist, sie verlieren nie die Hierarchieebenen aus dem Auge.« Anders die Mitarbeiterinnen. Von ihnen fühlt sich die Chefin oft als Freundin oder »Mutter der Nation« angesehen – beides gleichermaßen unpassende Rollen. Frauen haben aus ihrer Sicht größere Probleme, ihren Chefinnen zuzugestehen, dass sie die Verantwortung tragen und Entscheidungen fällen. So haben zum Beispiel die Mitarbeiterinnen weniger Verständnis, wenn sie einmal länger bleiben sollen, um etwas fertigzustellen.

Strategisches Vorgehen bei Entscheidungen

Die amerikanische Medienmanagerin und Autorin Gail Evans empfiehlt dringend, sich bei der Entwicklung neuer Ideen nicht auf gleichgestellte Mitarbeiter zu beschränken, sondern sich immer Unterstützung aus der Führungsetage zu holen, um das Projekt nach vorn zu bringen. Nicht einbezogenes Führungspersonal schmettert »fremde« Vorschläge eher ab. Hat es sich jedoch die Idee einmal zu eigen gemacht und sieht es den persönlichen Nutzen, wird es Sie auch unterstützen. Kommen Sie bei einer Entscheidung gegen einen Kollegen einer anderen Abteilung nicht durch, überzeugen Sie Ihren Vorgesetzten von Ihrem Vorschlag, sodass er ihn dann auf seiner Ebene mit dem Vorgesetzten Ihres Kollegen klärt. Dass das von vornherein Ihr geheimer Masterplan war, verraten Sie natürlich nicht. Alle Mitspieler sollen schließlich ihr Gesicht wahren.

Die Punkte zählen: Statussymbole

Gewöhnen Sie sich am besten an, im Hintergrund Ihrer Aufmerksamkeit immer eine Art »Hierarchieradar« mitlaufen zu lassen und damit das eigene Umfeld im Job zu durchleuchten. Die Kernfrage dabei ist: Wer ist mächtig und woran zeigt sich das? Da Frauen häufig (noch) nicht um Geld und Prestige spielen, sind sie an Erfolgssymbolen wie großen Büros mit neuen Möbeln, einer gewissen Anzahl von Mitarbeitern, einem möglichst großen Dienstwagen und anderen Privilegien oft nicht interessiert. Klar, wenn man sich selbst nicht innerhalb einer Dominanzhierarchie einordnet, haben diese »Statusheber«, wie Tom Schmitt sie bezeichnet, nicht den speziellen Reiz, den sie offensichtlich auf viele (nicht alle) Männer ausüben. Das führt dazu, dass weibliche Führungskräfte, die diese Statussymbole nicht einfordern, auf ihrer Position nicht ernst genommen werden. Wenn Frauen ihre Macht nicht inszenieren, scheinen sie auch keine zu haben. Das schwächt dann tatsächlich die Position in der Hierarchie. Ein großes Büro mit eindrucksvollen Möbeln und ein dickes Auto demonstrieren Machtfülle und beweisen die Wertschätzung des Unternehmens. Aus einer solchen Stellung heraus lassen sich Verhandlungen leichter führen und Anordnungen respekteinflößender erteilen.

Immer wieder berichten Frauen in meinen Workshops, dass es – auch wenn es ihnen selbst nicht wichtig war – sich gelohnt hat, sich für den eigenen Dienstwagen starkzumachen, weil ihnen dann hinterher mehr Anerkennung zuteilwurde. Trotzdem gilt: Wenn Sie sich selbst in einem Modell der Luxusklasse einfach nur peinlich und lächerlich finden und daran auch alle strategischen Überlegungen nichts ändern, lassen Sie's. Mit Statussymbolen können Sie nur überzeugen, wenn Sie auch dazu stehen. Es geht hier nicht darum, sich zu verbiegen, sondern wie in einem Schachspiel zu schauen, welche Symbole Sie im Statusspiel intelligent einsetzen wollen.

Unterschätzen Sie dabei nicht die Bedeutung, das eigene Revier zu markieren. Viele Frauen haben als Führungskräfte kein Problem, die Einrichtung der Vorgänger zu übernehmen, schließlich schont das die Ressourcen des Unternehmens. Was Sie damit allerdings vergeben, ist ein deutliches Zeichen, dass Sie jetzt diese Position innehaben und anders und auch nicht austauschbar mit Ihrem Vorgänger sind.

Simone Schaller wurde Führungskraft in der Elektroindustrie, saß aber weiter mit ihren drei Mitarbeitern in einem Zimmer. Die Gespräche mit der Konzernzentrale klappten gut, ein Erfolg reihte sich an den nächsten. Nur mit der Führung der Mitarbeiter war es schwierig. Wollte sie ein Gespräch führen, weil ihre Erwartungen nicht erfüllt wurden – was ihr sowieso schwer genug fiel –, musste sie mit dem Mitarbeiter immer in einen eigenen Besprechungsraum gehen. Inzwischen hat sie ein eigenes Zimmer, in dem sie diese Einzelgespräche führen kann. Dass sie die Chefin ist, ist jetzt für alle Beteiligten klarer: »Anders als vorher sehen mich die Mitarbeiter jetzt tatsächlich als Chefin an.«

Manuela Wild, die den hauswirtschaftlichen Bereich einer Klinik leitet, fand es zunächst nicht so wichtig, das Zimmer ihrer Vorgängerin zu renovieren. Die Aktenschränke fand sie zwar scheußlich, aber anderes hatte für sie höhere Priorität. Die Aufgabe war neu, an allen Ecken und Enden warteten komplizierte Probleme auf die Lösung. Im Coaching zeigte sich dann allerdings, dass sie sich für zu vieles selbst verantwortlich fühlte und offensichtlich auch die Mitarbeiterinnen sie nicht immer klar in ihrer Führungsrolle akzeptierten. Manuela Wild entwickelte Vorstellungen, wie ihr Zimmer eingerichtet und mit welcher Farbe es gestrichen werden sollte – und berichtete dann später strahlend davon, wie gut alles geworden sei. Parallel hatte sie daran gearbeitet, was sie inhaltlich in ihrer Abteilung ändern wollte, nachdem sie anfangs vollends damit beschäftigt war, nur alles am Laufen zu halten. Nun spielte sich alles ein und das renovierte Zimmer wurde zum einen Symbol für sie selbst, wofür sie steht. Zum anderen wurde auch für die Mitarbeiterinnen deutlich, dass es eine neue Leitung mit neuen Ideen gibt. Es geht also auch um die Frage: »Was bin ich mir und dem Unternehmen wert?«

Die Kleidungsregeln sind je nach Branche unterschiedlich, doch in den obersten Etagen finden sich fast immer Männer in Anzügen. Auch als Frau sollte Ihre Kleidung demonstrieren, dass Sie es sich wert sind. Lieber zunächst einen Tick zu konservativ und elegant. Lässiger werden können Sie später immer noch, wenn Sie Ihre Position etabliert haben. Vermännlichung ist nicht gefragt, ziehen Sie sich so an, wie es zu Ihnen und Ihrem Stil passt. Investieren Sie in Ihre Kleidung, sodass Sie sich zu jedem Anlass gut angezogen fühlen. Das stärkt Ihre Ausstrahlung.

Katja Mohrhusen, Abteilungsleiterin bei einem Telekommunikationsunternehmen, ist davon überzeugt: »Sich gut stylen und sich vernünftig anziehen, ist außerordentlich wichtig.« Sie trägt bewusst immer Businesslook. »Aber nicht nur graue Hosenanzüge, auch mal etwas Buntes und Röcke – dann aber immer knielang, nie Miniröcke.« Bei wichtigen Terminen ist sie immer besonders gut angezogen. Auch am Casual Friday, bei dem üblicherweise alle etwas legerer ins Büro kommen, achtet sie darauf, dass sie, wenn eventuell doch Besprechungen zustande kommen könnten, lieber keine Jeans trägt. Bei beruflichen Abendessen zieht sie sich absichtlich immer einen Tick eleganter an.

»Status ist frei verfügbar. Man kann ihn sich einfach nehmen. Er funktioniert allerdings nur, wenn er von anderen auch anerkannt wird«, sagt Tom Schmitt. Stehen Sie also selbstbewusst dazu, dass Sie eine Frau sind, Sie werden so oder so gemustert. Psychologische Studien zum Thema »Aussehen« haben übrigens ergeben, dass für beruflichen Erfolg weder Schönheit noch Modelmaße nötig sind. Wichtig ist, dass Sie gut als Frau oder Mann erkennbar sind. Komplimente sind okay und in anderen Ländern auch sehr viel üblicher als in Deutschland. Gegen Charme und die Nutzung weiblicher Stärken wie Beziehungsfähigkeit ist nichts einzuwenden, im Gegenteil. Aber wie hoch Ihr erotisierendes Potenzial ist, sollten Sie lieber im Privatleben testen. Das attraktive Weibchen zu spielen können Sie sich nur auf völlig unwichtigen Bühnen leisten, denn niemand wird einer Frau deshalb eine Führungsposition zutrauen. »Mit den Waffen einer Frau« – das ist vielleicht ein Erfolg versprechendes Konzept für eine Geheimagentin, im sonstigen Berufsleben unterminiert es Ihr Standing und ist fehl am Platz.

Selbstvertrauen und Führungsmotivation: Männer fühlen sich als »King«, Frauen oft als »Aschenputtel«

Der Unterschied im Selbstbewusstsein zwischen Männern und Frauen ist eklatant. Während Frauen oft mit sich selbst unzufrieden sind, sind Männer stolz, Männer zu sein. Sind Frauen vorsichtshalber erst einmal der Meinung, etwas Neues nicht zu können, sind Männer hundertprozentig davon überzeugt, dass sie die neue Aufgabe bewältigen werden. Von Zweifel keine Spur. Diverse Studien haben gezeigt, dass Männer bei den Kategorien »Selbstbewusstsein« und »Impression Management« besser abschneiden als Frauen. Kein Wunder, dass sie gern das Wort ergreifen und sich präsentieren. Frauen im Business hingegen legen sich selbst Steine in den Weg, weil sie durch die abwertende Haltung sich selbst gegenüber zu starker Zurückhaltung neigen.

Die Ergebnisse aus dem Forschungsprojekt »Führungsmotivation im Geschlechtervergleich« bestätigen den Unterschied im Selbstvertrauen: 80 Prozent der Männer betonen signifikant eher die Relevanz der persönlichen Eigenschaften, aber nur 60 Prozent der Frauen. Das weist den Studienautoren zufolge darauf hin, dass Männer ein allgemein stärkeres Vertrauen in sich selbst und ihre Kompetenzen haben, während Frauen eher dazu neigen, ihren Karriereerfolg auf äußere Umstände zurückzuführen. Die Autoren schließen: »Frauen neigen eher dazu, sich von günstigen Umständen abhängig zu machen und werden daher durch ungünstige Rahmenbedingungen stärker beeinträchtigt als Männer. Man spricht in diesem Fall von ›externaler Erfolgsattribution‹, ein frauentypisches Phänomen.«

Es heißt oft, dass Männer bei Frauen kritischer hinschauen. Aber vielleicht spiegeln sie ja auch nur die kritische Meinung, die Frauen von sich selbst haben. Wer selbstbewusst und von seiner Leistung überzeugt auftritt, wird auch andere überzeugen. Wer unsicher auftritt, lädt das männliche Gegenüber zum kritischen Blick ein. Anstatt sich darüber zu ärgern oder zu beklagen, ist es für Frauen lohnender, am eigenen Auftreten zu arbeiten.

Die Betriebswirtin Kim Reinhardt musste das als Leiterin einer großen Filiale eines Filialunternehmens erst einmal lernen:

»Ich wollte die Mitarbeiter gewinnen, aber bei über 400 Mitarbeitern ist das nicht möglich. Ich war sehr harmoniesüchtig und die Personalchefin sagte mir, ich müsse mich mehr behaupten. Mitarbeiter abzumahnen oder ihnen zu kündigen, damit habe ich mich schwergetan. Ich hatte ein schlechtes Gewissen, mir ging es persönlich nahe und ich hatte Schwierigkeiten mit der Argumentation, obwohl doch der andere den Fehler gemacht hatte. Ich habe zu viel Verständnis gezeigt, anstatt Grenzen zu ziehen. Ich habe mich auch anfangs nicht richtig getraut, meine Ideen durchzusetzen. Wenn ich etwas wollte und meine Abteilungsleiter überzeugen musste, habe ich meine Wünsche unter den Tisch fallen lassen. Nur um dann später zu sehen, das wäre genau das Richtige gewesen. Ich habe mir dann gesagt, als Chefin bin ich zuständig, und habe vor den Besprechungen mit meinen Mitarbeitern meine Argumentation besser ausgearbeitet. Mit allem Wichtigen habe ich mich selber auseinandergesetzt, mir genau überlegt, welche Fragen kommen könnten, welches Für und Wider. So war ich dann für die wöchentliche Abteilungsleiterbesprechung immer super vorbereitet, ich wusste dann auch schon aus Erfahrung, wer welche Fragen stellen würde.

Und dann wurde ich zunehmend ernst genommen. Der Erfolg hat mir Gehör verschafft, die Zahlen stimmten und ich wurde relativ schnell akzeptiert. Mein Mann ist Lehrer und hatte eine neutrale Perspektive. Mit ihm habe ich mich oft besprochen und er hat mir auch gute Hinweise gegeben, beispielsweise bei bestimmten Themen noch zu warten. Die Personalchefin und der Deutschlandchef haben mich auch immer bestärkt und mir Mut gemacht weiterzumachen: »Du machst es genau richtig«. Sie haben mich auch im Vorfeld auf kritische Dinge hingewiesen, das waren zwei gute Mentoren.«

Männer glauben nicht nur von sich selbst, dass sie die Kings, die Tollsten und Besten sind. In der Regel gehen sie auch davon aus, dass die anderen Kerle ebenfalls in Ordnung sind. Männer schätzen sich untereinander – sogar, wenn sie in der Rangordnung um einen besseren Platz kämpfen. Von Frauen kann man das leider (noch) nicht auf breiterer Basis behaupten. Frauen stehen anderen Frauen oft äußerst kritisch gegenüber, nämlich mit derselben Haltung, die sie auch sich selbst gegenüber an den Tag legen. Doch viele Frauen entwickeln sich weiter. Sie bauen ihr Selbstbewusstsein aus und sind inzwischen auch bereit, andere Frauen zu akzeptieren und zu unterstützen, zum Beispiel in Netzwerken. Problematisch ist, dass viele Frauen aus der mangelnden Wertschätzung sich selbst gegenüber – oft verbunden mit einem überaus perfektionistischen Anspruch an sich selbst – auch Männer im Job oft nicht schätzen können. So beginnt ein Teufelskreis. Die Männer merken unbewusst, dass sie nicht geschätzt werden. Sie spiegeln dieses Verhalten, indem sie der Frau gegenüber eine Abneigung entwickeln – und dann beispielsweise gar nicht auf die Idee kommen, sie zu fördern.

Die Unterschiede im Selbstbewusstsein sind eng mit althergebrachten, aber immer noch wirksamen Vorstellungen von »weiblich« und »männlich« verknüpft. So wird Weiblichkeit landläufig durch eher geringes Zutrauen in die eigenen Fähigkeiten, die Abwertung der eigenen Person und/oder des eigenen Geschlechts und durch Selbstzweifel definiert, insbesondere in beruflichen und »männlichen« Bereichen wie Naturwissenschaft, EDV und Technik. Männlichkeit hingegen wird mit vergleichsweise großem Zutrauen in die eigenen Fähigkeiten und der Aufwertung der eigenen Person beziehungsweise des eigenen Geschlechts verbunden.

Wie haben sich diese unterschiedlichen Ausprägungen entwickelt? Das Angebot an Erklärungsmustern ist groß. Einige Theorien verweisen auf Prinzipien der Evolution und erklären die höhere männliche Aggression und Dominanz als das Ergebnis von Auswahlprozessen im Kampf um weibliche Sexualpartner. Andere beziehen sich auf die prähistorische Arbeitsteilung und auf geschichtliche Entwicklungen. Soziale Theorien konzentrieren sich unter anderem auf die unterschiedliche Rollenverteilung in Familie und Gesellschaft, und Zweige der Entwicklungspsychologie ziehen die getrennten Kulturen von Mädchen und Jungen als Erklärungsmodell heran. Auch die Wissenschaft ist Moden unterworfen. Stand seit den 1970er-Jahren zunächst die Erklärung durch soziale Theorien im Vordergrund, haben im letzten Jahrzehnt auch biologisch begründete Theorien viel Beachtung gefunden. Diese verschiedenen Erklärungsmuster sind vor allem in Kombination interessant, da eine Theorie dieses komplexe Thema nicht hinreichend erklären kann.

Die Personalexpertin Daniela Rastetter spricht von der Gratwanderung zwischen weiblicher Rolle und Führungsrolle. Frauen sollten sich bewusst werden, wie Geschlechterstereotypen wirken und wie sie damit umgehen. Da Frauen in Leitungspositionen als Ausnahmeerscheinungen besonders sichtbar sind, benötigen sie ihrer Meinung nach mehr inszenatorische Kompetenz, um souverän aufzutreten und als Frau authentisch zu sein.

Heidi Möller, Diplom-Psychologin und Professorin für Theorie und Methodik der Beratung an der Universität Kassel, rät, rollenflexibel zu sein: Frauen sollten die Männer beobachten, aber nicht alles übernehmen. Am besten sei es, sich situationsbedingt und möglichst unerwartet zu verhalten. So wird man nicht so schnell in eine Schublade gesteckt. Weibliche Rollenmuster dürften zum Einsatz kommen, jedoch immer reflektiert. Letztlich müssen Frauen in Führungspositionen ein eigenes inneres Leitbild entwickeln, so Möller.

Wenn Frauen es ganz nach oben geschafft haben, können sie sogar von Vorurteilen profitieren – etwa dass sie zu einfühlsam und nicht so kompetent wie Männer seien – und damit zu neuen Leitbildern werden. Das ergab eine Studie von Ashleigh Shelby Rosette, Assistenzprofessorin an der Fuqua School of Business der Duke University. In zwei Experimenten mussten insgesamt über 400 Studenten fiktive Zeitungsartikel, in denen weibliche und männliche Manager beschrieben wurden, sowie fiktive Stellenbeschreibungen und Leistungsbewertungen beurteilen. Rosette und ihre Co-Autorin Leigh Plunkett Tost stellten fest, dass weibliche Führungskräfte in verantwortlichen Positionen anders wahrgenommen werden. Dann wird es plötzlich als Stärke angesehen, dass sie einfühlsam und kompetent sind, und sie schneiden in der Beurteilung anderer sogar besser ab als männliche Führungskräfte.

3. Am Ende zählt nur das Ergebnis

Für Männer ist es im Job meist selbstverständlich, Verantwortung für die Sache zu übernehmen und zu überlegen, wie sie diese Verantwortung noch ausbauen können. So denken sie etwa darüber nach, wo sie und ihre Organisation in fünf Jahren stehen sollen und wollen und was sie dann machen. Sie übernehmen Verantwortung für einmal übernommene Aufgaben und für sich selbst. Sie rechnen mit Gegenwind und wollen nicht Spielball und »Everybody's Darling« sein. Sie sehen das Leben als Wettstreit. Unabhängigkeit und ihre individuelle Leistung sowie deren Bewertung durch andere zählen für Männer in besonderem Maße. Frauen dagegen legen mehr Wert auf die Harmonie in der Gruppe.

Da Frauen die Welt unter dem Aspekt der Verbundenheit betrachten, fürchten sie die Isolation. Männer dagegen schätzen Autonomie, sie fürchten die Intimität und die damit verbundenen Abhängigkeiten, wenn sie noch andere Meinungen berücksichtigen müssen. Frauen hingegen tun sich schwer in Momenten, in denen schnelle Entscheidungen gefordert sind, da sie glauben, dass sie nicht allein handeln können und sollten. Und sie empfinden es oft als unfreundlichen Akt, wenn ihnen bei Vorschlägen oder Entscheidungen Widerstand entgegenschlägt, ihr Wert ist schließlich Harmonie. Doch solche Gegenfragen testen nicht nur die Rangordnung in dem Sinn, dass sie checken, ob Sie bei Ihrer Position bleiben oder umfallen und dann nicht ernst zu nehmen sind, sondern auch den inhaltlichen Gehalt Ihrer Aussagen. Sie haben dadurch die Chance, inhaltlich noch einmal auf Ihre wichtigsten Punkte hinzuweisen und diese pointiert zu formulieren.

Der Fokus aufs Ergebnis verschafft Respekt

Mit allen und jedem in Harmonie zu leben, ist für Frauen einer der wichtigsten Werte überhaupt. Das gilt selbst für gestandene Managerinnen, die wissen, dass ihnen diese Haltung das Leben oft schwer macht. Sie können sich aber trotzdem nicht von diesem tief verankerten Programm lösen. Dabei gibt es auf der anderen Seite auch viel zu gewinnen. Denn gerade bei Reibung untereinander kommt Kontakt zustande und führt oft zu Respekt auf der professionellen Ebene.

Das hat auch Marie Pommier erlebt. Die Journalistin war für die Konzeption und das redaktionelle Zusammenstellen eines Magazins für Kinder verantwortlich, sie kümmerte sich um Autoren und redigierte deren Texte. Fotos fielen nicht in ihren Bereich. Doch als eines Tages der Bildredakteur ein Foto vorschlug, das überhaupt nicht zur Geschichte passte, protestierte sie. Sie merkte aber gleich, dass sie in der Besprechung keine Chance hatte, ihre Meinung durchzubringen. Sie ging zur Chefredakteurin, die immer angeboten hatte, dass sie sich an sie wenden könne. Diese stimmte sofort zu, das Foto nicht zu verwenden.

Als Marie Pommier zum Art Director ging, um ihm die Entscheidung mitzuteilen, war ihr das unangenehm. Aber sie war sich ganz sicher, dass sie das Foto nicht in dem von ihr betreuten Heft haben wollte. Der Art Director war wenig begeistert, schließlich war das sein Bereich, er brummelte etwas Unfreundliches. Marie Pommier sagte sich innerlich, dass sie das jetzt aushalten müsse. Aber sie hatte deutlich das Gefühl, einen Punktsieg errungen zu haben, als sie sein Zimmer verließ. Es gab dann bald drei Vorschläge von Alternativfotos, die alle in Ordnung waren. Als später das Magazin eingestellt wurde, verabschiedete sich der Art Director mit viel Respekt von ihr: Sie wisse ja wenigstens, was sie wolle.

Verantwortung für Personen

Der Unterschied im Übernehmen von Verantwortung liegt darin, dass Männer Verantwortung für die Sache übernehmen, Frauen hingegen für die beteiligten Personen und oft auch für deren Stimmung. Das bestätigt die Forschungsarbeit der Psychologin Nathali Klingen: »Bei den männlichen Führern besteht, unabhängig von den Führungsbedingungen, ein deutlicher Zusammenhang zwischen der tatsächlich erreichten Leistung der Gruppe und der Ergebniszufriedenheit, bei den weiblichen Führern nicht. Bei den weiblichen Führern trägt hingegen der Aspekt ›Stimmung in der Gruppe‹ wesentlich zur Ergebniszufriedenheit bei, was bei den männlichen Führern nicht der Fall ist. Dies bestätigt die These, dass für männliche Führer – zumindest bei zeitlich stark begrenzten Aufgaben – der Leistungsaspekt im Vordergrund steht, während für weibliche Führer neben der Leistungsdimension noch weitere Aspekte, beispielsweise die Beziehungsdimension, wichtig für die letztendliche Zufriedenheit sind.«

Diese Haltung hat für die von Frauen geführten Teams Vorteile – etwa ein gutes Arbeitsklima. Die Teamleiterinnen sollten sich allerdings selbst überprüfen, ob sie auch genug Verantwortung für die Leistung und die jeweilige Sache übernehmen.

Konflikte aushalten lernen

Marie Pommier freute sich, für das Kindermagazin verantwortlich zu sein. Als allerdings die ersten bestellten Texte der Autorinnen eintrafen, zeigte sich, dass nicht alle gut genug waren. Pommier, die selbst vorher nur als freie Autorin gearbeitet hatte, musste nun Kritikgespräche mit den Autorinnen führen und ihnen sagen, wie sie die Texte verbessern sollten. Davor hatte sie Angst, sie wollte sich bei den Autorinnen nicht unbeliebt machen. Die Folge: Sie blieb mit ihren Anmerkungen vage, die ersten Gespräche liefen schlecht. Die Autorinnen erkannten ihre Verbesserungsvorschläge nicht an und die Stimmung war auch nicht besonders gut. Eine Autorin beendete sogar die Zusammenarbeit, weil sie die Kritik nicht akzeptierte.

Dann änderte Pommier ihre Strategie. Sie machte sich bewusst, dass sie für das Heft verantwortlich war und dafür gegenüber der Chefredakteurin geradestehen musste. Ihr wurde klar, dass sie in ihrer Sandwich-Position zwischen Textchefin und Autorinnen überlegen musste, ob ihr die Argumente der Textchefin einleuchteten und ob sie sie sich zu eigen machen und sie auch vertreten konnte. Sie bereitete sich für die nächsten Gespräche akribisch vor und bildete sich eine genaue Meinung, was sie jeweils an den Texten gut und was schlecht fand und wie das im Einzelnen geändert werden sollte. Die ersten Gespräche waren immer noch unangenehm, brachten aber die gewünschten Ergebnisse, die Autorinnen überarbeiteten die Texte entsprechend. Zunehmend wurde Pommier sicherer und nach einiger Zeit fingen die Autorinnen an, sich für das Feedback zu bedanken, und konstatierten, dass die Texte durch die Überarbeitung viel besser geworden seien.

Um Konflikte zu vermeiden, tendieren gerade junge weibliche Führungskräfte dazu, Dinge von oben nach unten oder von unten nach oben einfach durchzureichen. Aber sie müssen sich bewusst sein, dass es in Sandwich-Postionen wichtig ist, eine eigene Haltung zu finden und diese entsprechend nach oben oder unten zu vertreten. Wenn man der Meinung ist, dass der oder die Vorgesetzte schiefliegt, sollte man versuchen, das diplomatisch zu klären. Und wenn das Team die geforderte Leistung nicht bringt, ist man als Führungskraft aufgefordert, ihm zu vermitteln, was nötig ist, und das Ergebnis nur dann nach oben weiterzuleiten, wenn man auch selbst davon überzeugt ist.

Lassen Sie sich nicht instrumentalisieren und instrumentalisieren Sie sich nicht selbst

Viele Menschen, die sich nicht selbst trauen, für ihre Anliegen zu kämpfen, sind sehr geschickt darin, teamorientierte Führungspersonen für ihre Zwecke einzuspannen. Viele Frauen, die sich zum Sprachrohr für Teamprobleme machen (lassen), müssen feststellen, dass sie am Ende die Einzigen sind, die das Anliegen noch lauthals als eine Art inoffizielle und informelle Betriebsrätin vertreten und damit unangenehm auffallen, während die anderen längst wieder zur Tagesordnung übergegangen sind. Die andere Gefahr, die in dieser Haltung steckt, ist, dass sie nach außen signalisiert: Die Menschen kommen vor dem Unternehmen. Und anders als tatsächliche Betriebsrätin sind Sie in dieser Rolle überhaupt nicht abgesichert. Völlig in Ordnung, wenn Sie für mehr Gerechtigkeit am Arbeitsplatz kämpfen, aber wundern Sie sich nicht, wenn Sie von da an nicht mehr weiterkommen und plötzlich das ach so interessante Projekt doch nicht leiten dürfen.

Auf diese Art Verantwortung zu übernehmen für Dinge, die nicht in den eigenen Bereich fallen, kann karriereschädlich sein. Frauen haben oft sehr hohe moralische Ansprüche und geraten bei einem Führungsvakuum in Gefahr, per »Amtsmissbrauch« Verantwortung für Situationen und Umstände zu übernehmen, für die sie überhaupt nicht zuständig sind.

So bemühte sich eine angestellte Steuerberaterin in einer Steuerkanzlei mit aller Kraft, zwei verfeindete Partner dieser Kanzlei wieder miteinander zu versöhnen. Für ihre Kunden hatte sie kaum mehr Zeit. »Das ist doch wichtig, sonst geht es doch der Firma nicht gut«, sagte sie auf die Frage, ob nicht ihr Engagement für ihre Kunden schädlich sei. »Und wofür werden Sie bezahlt?«, fragt die Trainerin Sabine Asgodom, die viele Frauen coacht, in solchen Fällen ihre Klientinnen. Diese Frage ist sehr hilfreich, um sich von unangebrachten Muttergefühlen zu verabschieden und sich auf die eigentliche Aufgabe zu konzentrieren. Beim Übernehmen der Verantwortung für eine Aufgabe wird oft erst klar, worin der Knackpunkt liegt.

Die Münchner Trainerin Christiane Gerlacher hat bei ihren Coaching-Gesprächen festgestellt: »Frauen haben oft vor der Komplexität einer Aufgabe Angst, weil sie nicht wissen, wie sie sich bei Schwierigkeiten abgrenzen sollen.« Überlegen Sie, ob das auch auf Sie zutrifft. Die folgenden Fragen helfen Ihnen dabei festzustellen, ob Sie gut Verantwortung fürs Ergebnis übernehmen können.

Verantwortung übernehmen

- Wie sieht Ihr innerer Film aus, wenn Sie ein größeres Projekt oder eine neue Aufgabe übernehmen sollen?
- Meldet sich ein innerer Kritiker oder eine innere Kritikerin mit starken Bedenken, nach dem Motto: »Das schaffst du doch sowieso nicht!«?
- Haben Sie bei dem Gedanken an mehr Verantwortung sofort die unangenehme Vorstellung, sich dann in einer

Sandwich-Position zu befinden, bei der Sie in der Mitte eingekeilt sind?

- Haben Sie Angst davor, dass andere neidisch werden und meinen, sie hätten eher verdient, die Verantwortung zu übernehmen?
- Fürchten Sie sich davor, dass Sie Fehler Ihrer Mitarbeiter oder Kollegen kritisieren müssten, wenn Sie mehr Verantwortung übernehmen?
- Verantwortung zu übernehmen heißt auch, sich Konflikten zu stellen. Trauen Sie sich, Dinge eskalieren zu lassen, ohne sich davon abhängig zu machen, ohne es allen recht zu machen?

Wenn Sie beim Beantworten der Fragen merken, dass es bei Ihnen noch einige Hindernisse gibt, um Verantwortung für Ergebnisse zu übernehmen, überlegen Sie, wie Sie sich zielgerichtet dafür weiterbilden können. Gut haben Sie es natürlich, wenn Sie bereits in einem Führungskräfte-Entwicklungsprogramm sind. Doch Sie sind nicht zwingend auf die Unterstützung durch Ihr Unternehmen angewiesen. Auch Volkshochschule oder IHKs bieten günstige Seminare zu Themen wie »Führung«, »Konfliktmanagement« oder »Kommunikation« an. In Gruppencoachings gibt es die Möglichkeit, sich mit anderen auszutauschen und direkt für aktuelle Situationen Problemlösungsstrategien zu entwickeln und in Rollenspielen auszuprobieren. Inzwischen gibt es sogar Weiterbildungen, in denen Sie sich für eine Position als Aufsichtsrätin qualifizieren können.

Ihre Glaubenssätze: Ballast oder Ressource?

Was hindert Sie, Verantwortung zu übernehmen? Werden Sie sich über Ihre inneren Konflikte klar und überprüfen Sie die Hindernisse auf dem Weg zu mehr Verantwortung. Gibt es alte Glaubenssätze aus Ihrer Kindheit, die verhindern, dass Sie Verantwortung übernehmen? Zum Beispiel der Satz »Ich kann mich nicht durchsetzen«? Ersetzen Sie solche Sätze durch sinnvolle und Ihnen angemessene, realistische neue Glaubenssätze, etwa: »Ich kann mich weiterentwickeln und lernen, mich durchzusetzen.« Verantwortung für sich selbst zu übernehmen heißt, statt in einer Art Automatismus den jahrzehntelang einstudierten und verinnerlichten Glaubenssatz »Ich kann mich nicht durchsetzen« mechanisch vor sich herzusagen, ihn zunächst zu überprüfen, ob man für die neue Aufgabe tatsächlich nicht befähigt ist. Oder ob man vielleicht nur aufgrund eines schlechten Selbstbewusstseins davon überzeugt ist, man sei es nicht.

Katja Wengel, Coach und Trainerin, hat festgestellt, dass Frauen ihr eigenes Bild oft nicht sehr differenziert sehen. So sagte ihr zum Beispiel eine begabte Frau im Coaching-Gespräch: »Ich bin nicht intelligent und nicht intellektuell.« Wengel fände es hilfreich, wenn im Sinne eines inneren Teams, das aus verschiedenen Mitspielern besteht, sich dann auch andere ermutigende Stimmen einschalten würden, die etwa sagen könnten: »Das stimmt doch gar nicht« oder »Das kann man doch auch anders sehen.« Wengel arbeitet dann daran, diese alte Identität zu verabschieden und eine neue zu gestalten, zum Beispiel mit dem Satz: »Ich liebe es, zu organisieren, und ich muss darin nicht die Beste sein.« So versucht sie gemeinsam mit der Klientin, die Aussage zu relativieren und in einen größeren Zusammenhang zu stellen und gleichzeitig die alte Identität mit einem Ritual zu verabschieden.

Überlegen Sie, wo Ihre Stärken liegen, und füllen Sie den Satz für sich selbst mit Inhalt. Das »und« dabei ist wichtig, um beide Teile der Aussage auf positive Art und Weise miteinander zu verbinden. Mögliche andere, neue Glaubenssätze könnten sein:

- »Es reicht, wenn ich alles 95-prozentig erledige.«
- »Ich werde es mir recht machen.«
- »Meine Meinung ist es wert, gehört zu werden.«

Ihr ganz persönlicher Glaubenssatz kann auch ganz anders aussehen. Wichtig ist nur, dass er positiv formuliert ist und für Sie der richtige ist.

Selbstbewusstsein weiterentwickeln

Um Führungspositionen zu übernehmen, ist es wichtig, zur eigenen Verantwortung und zu den eigenen Entscheidungen zu stehen. Dazu gehört Selbstsicherheit und ein gewisses Selbstbewusstsein, nämlich zu wissen, dass man schon die richtigen Entscheidungen treffen wird. Und dass man, wenn man einen Fehler macht, dadurch nicht zur völlig inkompetenten Person wird. Klingt banal, ist aber eine Haltung, die nicht selten unter Frauen anzutreffen ist. Stattdessen zeigen sie oft eine Art »Überverantwortung«. Frauen, die von der Vorstellung »Sei perfekt« angetrieben werden, sind oft die Klientinnen von Wengel. Sie sagt: »Einen Fehler verzeihen sich viele Frauen nicht. Das sind Frauen, die keinen Freiraum lassen, denen nie etwas gut genug ist, bei sich selbst nicht und bei anderen auch nicht.« Diese Frauen denken immer: »Bald kommt raus, dass ich doch eine Niete bin. Meine bisherigen Erfolge zählen nicht, da habe ich halt Glück gehabt.« Finden Sie sich in dieser Haltung wieder? Bodenhaftung verschafft Ihnen, wenn Sie im ständigen Gespräch mit

Ihrem Vorgesetzten bleiben: »Welche Erwartungen setzen Sie in mich? In welchem Zeitraum soll ich die erfüllen? Wie sind die Spielregeln?« Der kurze Draht sichert ab und bewahrt Frauen vor übertriebenem Perfektionismus.

Erfolg und Partnerwahl

Auch heute noch ist es ungewöhnlich, wenn Frauen erfolgreicher sind und auch mehr verdienen als ihre Männer. Stellen Sie sich die Frage, ob es in Ihrem Weltbild tatsächlich in Ordnung ist, wenn Frauen erfolgreich sind, eventuell sogar erfolgreicher als ihr Partner. Oder ob Sie unbewusst vielleicht die Vorstellung haben, dass es für erfolgreiche Frauen sehr schwer ist, einen Partner zu finden. Durch den Erfolg steigt die Frau im Status und hat dadurch – im Sinne der »Steinzeitlogik« – weniger potenzielle Partner zur Verfügung, da für sie dann nur noch das ranghöchste »Männchen« am attraktivsten ist. Während Männer – nach »Steinzeitlogik« – versuchen, ihre Gene möglichst breit zu streuen und eine Vielzahl auch statusniedrigerer Partnerinnen für sie in Betracht kommt.

Wie Frauen das Prinzip »Verantwortung« clever nutzen

Machen Sie sich klar, dass Sie auf Ihre Beziehungsorientierung nicht verzichten brauchen, aber dass Erfolg im Job immer mit Verantwortung für die Sache verknüpft ist. Stärken Sie sich mental und gefühlsmäßig darin, diese Verantwortung zu übernehmen. Holen Sie sich die nötige Unterstützung. Trainieren Sie selbstverantwortlich, Ihren Verantwortungsbereich langsam auszubauen. Dazu gibt es verschiedene Möglichkeiten.

Hier ein paar Anregungen, die Sie sofort, völlig unabhängig von Beförderungen und Entscheidungen anderer, in die Tat umsetzen können:

Verantwortung für die Organisation übernehmen

Frauen haben eine hohe Kompetenz bei der Lösung von Organisationsaufgaben und sind darin Männern häufig überlegen. Spielen Sie diese weibliche Stärke aus und bringen Sie sie auch in den Formulierungen zum Ausdruck: »Ich würde dieses Projekt organisatorisch wie folgt angehen ...« Zeigen Sie Ihren Vorgesetzten durch die Übernahme solcher Aufgaben, dass Frauen besser und schneller organisieren und Projekte reibungsloser und ergebnisorientierter in die Tat umsetzen können.

Selbst entscheiden

Üben Sie bei Kleinigkeiten, die Entscheidung bewusst selbst zu treffen – ohne sich bei Ihren Vorgesetzten rückzuversichern. Voraussetzung ist natürlich, dass die Chefin oder der Chef nicht genau in dieser Frage erwartet, gefragt zu werden. Aber normalerweise hat man ein verlässliches Gespür dafür, bei welchen Dingen man fragen muss und bei welchen man fragen kann. Die Übung hilft in zweierlei Hinsicht: Sollten Sie falsch entschieden haben, können Sie üben, damit zu leben, einen Fehler gemacht zu haben – der ja nur ein kleiner Fehler ist, weil es nur um ein Detail geht. Ist die Entscheidung richtig, genießen Sie es, dass Sie die Verantwortung übernommen haben und dass Sie allein richtig entschieden haben.

Projekte übernehmen

Melden Sie sich für ein zusätzliches Projekt. Damit können Sie nicht nur Engagement zeigen und sich profilieren, sondern Sie können üben, in der Sache Verantwortung zu übernehmen – ohne gleich die Position wechseln zu müssen. Wenn Sie zögern, ob Sie sich das zutrauen, machen Sie eine gezielte Fortbildung in Projektmanagement.

Verantwortung in Netzwerken übernehmen

Engagieren Sie sich, übernehmen Sie Verantwortung in Frauennetzwerken. Sie profitieren davon mindestens so viel wie das Netzwerk. Da die Arbeit ehrenamtlich und freiwillig ist, freuen sich alle, wenn sie jemand übernimmt. In einem Frauennetzwerk wollen sich die Frauen gegenseitig unterstützen – auch wenn es einmal zu Konflikten oder Konkurrenzsituationen kommen kann. Gegenseitige Wertschätzung ist die Basis im Netzwerk. Sie können also unter besten Bedingungen üben – ohne das existenzielle Risiko, das im Job vorhanden ist, und mit Sicherheitsnetz.

Ehrenamtlich engagieren

Es muss nicht unbedingt ein Frauennetzwerk sein. Die Möglichkeiten, Verantwortung zu übernehmen, sind unendlich. Sie können sich beispielsweise genauso gut in den Vorstand des Elternbeirats wählen lassen, der sich um die Mittagsbetreuung Ihres Schulkindes kümmert. Auch dort geht es um Entscheidungen, wie bestimmte Abläufe organisiert werden sollen, und natürlich auch darum, wie die Eltern mit ihren unterschiedlichen Vorstellungen mit den beauftragten Erzieherinnen klarkommen. Und wenn es Probleme gibt, muss der Vorstand entscheiden, wie reagiert wird.

4. Mut zum Risiko hilft beim Vorankommen

Ein Mann bekommt eine höhere Position angeboten. Traut er sich das zu? »Ja, klar.« Das ist nicht die zwangsläufige, aber die wahrscheinlichste Reaktion. Was antwortet eine Frau auf dieselbe Frage? Oft erst einmal nichts. Sie muss überlegen, ob sie sich das auch wirklich zutraut, ob sie tatsächlich von der ersten Minute an diese Aufgabe 150-prozentig erfüllen kann, ob sie vielleicht noch eine Weiterbildung dafür machen sollte und ob tatsächlich alle aus ihrem Team es für eine gute Idee halten, wenn sie befördert wird. Kein Wunder, denn wenn es auf der Position nicht funktioniert – wer war schuld? Wenn es einen Mann betrifft: wahlweise die anderen, der Markt, die Umstände oder die Zeit war einfach noch nicht reif. Wenn es eine Frau betrifft: Oje, nur sie selbst ... Wird sie so eine Aufgabe noch einmal annehmen? Eher nicht.

Okay, das ist überspitzt formuliert, aber aus meinen Workshops weiß ich, dass viele Frauen diese Gedankengänge kennen. Da sie oft kein Bewusstsein für ihre Stärken haben – etwa für ihr Organisationstalent, ihr Geschick, mit Menschen umzugehen, oder ihre Fähigkeit, den Überblick zu behalten – und ihren Misserfolg eigenen Fehlern zuschreiben, ist ihre Misserfolgstoleranz niedriger als bei Männern. Und da sie Angst haben, Fehler zu machen, drängen sie bei Job-Angeboten nicht nach vorn und wehren eher sogar ab. Das bedeutet allerdings nicht, dabei stehen bleiben zu müssen. Als erster Schritt ist es zunächst wichtig, diese Unterschiede und mögliche Gründe dafür zu reflektieren.

Doris Bischof-Köhler verweist darauf, dass es in einem männlich geprägten System der Konkurrenz dysfunktional ist, sich bei Misserfolg aufzuhalten oder auf die Gefühle des Gegners Rücksicht zu nehmen. Frauen sind dagegen für Misserfolg besonders sensibel: »Wenn ihnen bei Pflegeleistungen etwas schiefgeht, ist das nicht nur ein persönlicher Rückschlag, sondern auch die Erfahrung, dass man einem anderen Schaden zugefügt hat«, weiß Bischof-Köhler. Man fühlt sich für das Wohlergehen des Schützlings verantwortlich und würde sich Vorwürfe machen, wenn ihm etwas zustieße. Die Entwicklungspsychologin gibt zu bedenken, dass Frauen, für die evolutionsbiologisch Betreuungsaktivitäten eine höhere Priorität haben, es sich zu Herzen nehmen müssen, wenn sie etwas falsch machen, denn das Wohlbefinden ihrer Schutzbefohlenen steht auf dem Spiel. Und wenn Frauen den Fehler bei anderen suchen würden, sinkt die Chance einer Verhaltensänderung, die geeignet ist, den Schaden zu korrigieren und Fehler nicht zu wiederholen.

Zu große Angst vor dem Mammut schadet dem Jagdeifer

Dass es zwischen der Sorge ums Überleben während der Steinzeit und dem Verhalten im modernen Wirtschaftsalltag einen Zusammenhang gibt, vermutet auch Wirtschaftspsychologe Wottawa. Um damals als Jäger zu überleben, sei für die Männer vor der Jagd Planung, Training und Simulation sowie das »Heißreden« zum Angstabbau nötig gewesen. Misserfolge wurden auf äußere Umstände geschoben, damit man bei der nächsten Jagd wieder auf Erfolg hoffen konnte. Das Prahlen diente zur Sicherung der hohen Zielsetzung für die nächste Jagd – Wottawa spricht hier von »High Performance Circle« und »Commitment«. Auch der Schweizer Jungenforscher Allan Guggenbühl sieht Prahlen, Wettbewerb, Kampflust und Coolness nicht nur als Restbestände eines patriarchalischen Männerbildes, sondern auch als Potenziale, zum Beispiel für Selbstmotivation.

Wie ein Mann zu verlieren bedeutet nach wie vor, es nicht als persönliche Niederlage zu werten. Diese Haltung führt bei Männern im Job dazu, Misserfolge weniger eigenem Unvermögen als äußeren Einflüssen zuzuschreiben. Sie verdrängen unangenehme Begebenheiten und betrachten sie als Provokation von außen. Die Reaktion darauf besteht weniger in Angst und Zweifeln, sondern vielmehr in Ärger und Aggression. Männer neigen deshalb eher dazu, Risiken einzugehen, weil sie durch diese Strategie leichter mit Niederlagen umgehen können.

Neues Spiel, neues Glück

Um mehr Verantwortung zu übernehmen, um in der Rangordnung höher zu steigen, testen Männer ständig Grenzen aus, wollen ihren Spielraum erweitern. Nach dem Spiel ist vor dem Spiel. Nach einem Misserfolg probieren sie es einfach noch einmal nach dem Motto: »Neues Spiel, neues Glück!« Dieses Prinzip gilt im Fußball genauso wie im Job. Mit dem Gedanken des Spiels eng verknüpft ist die Vorstellung, dabei ein Risiko einzugehen. Wenn man vorher genau wüsste, wie etwas ausgeht, wäre es ja schließlich kein Spiel. Wer spielt, geht immer ein Risiko ein. Man kann gewinnen oder verlieren. Natürlich wird man alles dransetzen, die Spielregeln so gut zu beherrschen, dass man gewinnt. Aber man weiß nie, wie die Karten gemischt sind. Auch bei Spielen wie Schach kommt immer ein Rest Unwägbarkeit hinzu. Und auch da kann man auf Dauer nur besser werden, wenn man bereit ist, gegen bessere Spieler anzutreten (und gegen sie zu verlieren). Oft weiß man vorher nicht, wie gut der Gegner/Mitspieler ist. Die Autorin Linda Austin weist darauf hin, dass bereits kleine Jungen lernen, Niederlagen als Teil eines fairen Spiels hinzunehmen.

Mit Risikofreude in der Rangordnung punkten

Risikoverhalten kann den Status sichern: Es macht etwas her und zieht Aufmerksamkeit auf sich. Bischof-Köhler verweist auf die Verhaltensforschung, nach der Auffälligkeit etwas mit Ranghöhe zu tun hat. Der Grund dieses Effekts liegt darin, dass es für die Rangniedrigeren unerlässlich ist, immer genau informiert zu sein, in welcher Laune das Alphatier gerade ist. Umgekehrt hat das zur Folge, dass wir alle Verhaltensweisen, die geeignet sind, Beachtung auf sich zu ziehen, unreflektiert als Indiz für Ranghöhe interpretieren.

Die Folgen dieser evolutionsbiologischen Grundsätze spiegeln sich in aktuellen Forschungsergebnissen zu »Führungsmotivation im Geschlechtervergleich« wider. Gwen Elprana, Magdalena Gatzka, Sibylle Stiehl und Jörg Felfe teilten dabei die befragten Männer und Frauen in vier Führungsmotivations-Typen ein. Dabei findet sich die größte Gruppe der Frauen mit 28 Prozent in der Kategorie »Die mit angezogener Handbremse«. Diese Gruppe ist gekennzeichnet durch starkes Streben, aber auch durch starke Vermeidung: »Sie streben vergleichsweise stark nach Einfluss und Leistung, neigen jedoch gleichzeitig stärker zu Vermeidung von Kontrollverlust und Misserfolg, was ein ambivalentes Motivationsmuster ergibt.« Nach Ansicht der Forscher steckt hier besonders viel weibliches Potenzial für Führungspositionen. Wegen der unbegründeten Sorge der Frauen, Führungspositionen schlechter gewachsen zu sein, empfehlen sie, das eigene Motivationsprofil auf konkrete Befürchtungen und Hindernisse hin anzuschauen. Coaching-, Onboarding- und Mentoring-Programme mit weiblichen Vorbildern helfen, solche Hindernisse in den Blick zu nehmen und zu überwinden.

Das Bedürfnis nach Absicherung

Die geringere Risikobereitschaft von Frauen zeigt sich nicht nur darin, dass sie zögernder neue Aufgaben annehmen, sondern auch im alltäglichen Berufsleben. Frauen haben oft den Anspruch, 150 Prozent zu erfüllen, Männern reichen dagegen meist 70 bis 80 Prozent. So neigen Managerinnen dazu, erst einmal alle Infos gründlich abzuwägen. Wie alles hat auch dieses Vorgehen zwei Seiten: Die Entscheidung kann zwar nicht sofort erfolgen, ist dafür aber abgesichert. Vielleicht hängt das mit einer ganzheitlicheren Sichtweise bei Frauen zusammen. Sie versuchen die Entscheidung mit all ihren langfristigen Konsequenzen zu sehen. Die Chance dieses Vorgehens liegt in der großen Umsicht. Die Gefahr besteht darin, Zeit zu verlieren und handlungsunfähig zu werden, weil man sich vor dem Eintreten der Konsequenzen scheut. Und oft wird übersehen, dass die Entscheidungen nur für die nahe Zukunft getroffen werden müssen.

Hilfreich ist es, sich noch einmal die Unterschiede zwischen männlichem »Jagdverhalten« und weiblichem »Sammelverhalten« deutlich zu machen. Männer verfolgen ein Ziel, egal, ob es das Risiko in sich birgt, dass ihre Füße blutig werden. Das Ziel muss erreicht werden – auch wenn das mit Risiken verbunden ist. Dann folgt der kurze Glücksmoment, sich kurz als Held zu fühlen und zu feiern, aber dann kommt schon das nächste Ziel. Frauen neigen eher zu einer Hege- und Pflegementalität. Sie säen und züchten und haben den langfristigen Erfolg im Auge. Viele Frauen kennen Situationen, in denen sie langen Atem beweisen, investieren, Mitarbeiter halten, etwas aufbauen wollen, während männliche Vorgesetzte vorrangig an den Erfolg im nächsten Quartal denken. Die nachhaltige Sichtweise der Frauen ist zukunftsweisend und Erfolg versprechend. Aber manchmal ist es auch so, dass in der Wirtschaft erst einmal Erfolge zu sehen sein müssen. Für die Performance von Frauen ist es empfehlenswert, die langfristige Sicht nicht aufzugeben, aber auch kurzfristige Erfolge im Fokus zu haben.

Ihr Trainingsplan »Ran ans Risiko«

Auch wenn es Ihnen fremd ist, im Job Risiken einzugehen, können Sie das lernen. Am besten Schritt für Schritt in Ihrem ganz persönlichen Trainingscamp. Stellen Sie sich einen Trainingsplan mithilfe folgender Fragen zusammen:

- Was hat Ihnen in der Vergangenheit dabei geholfen, im Job Risiken einzugehen?
- Welche Art von Unterstützung brauchen Sie noch, damit Sie im Job Risiken eingehen können?
- Welches Motto hilft Ihnen bei Misserfolgen?
- Bei welchen fünf kleinen Aufgaben können Sie in der nächsten Zeit trainieren, Risiken einzugehen?
- Wie belohnen Sie sich dafür, dass Sie es gewagt haben – egal, ob der Versuch erfolgreich ausging oder nicht?

Und dann legen Sie los:

Spielfreude trainieren

Wie nützlich es ist, den Spielgedanken konsequent anzuwenden und risikofreudiger zu werden, zeigt das Beispiel einer freiberuflichen Journalistin, die gelernt hat, es nicht mehr persönlich zu nehmen, wenn sie einen Auftrag mal nicht bekommt:

Wenn sie Redaktionen Themenvorschläge anbot, fühlte sie sich als Bittstellerin und erhoffte unmittelbar positives Feedback: »Kam dann tatsächlich eine Absage, war ich wie am Boden zerstört.« Ihre Mentorin, eine erfahrene Journalistin, gab ihr den Rat, mit der Situation spielerischer umzugehen. Das heißt, beim Anbieten von Themen das Ganze wie ein Spiel zu betrachten, bei dem der Ball locker hin- und hergeworfen wird und es vielfältige Gründe für Absagen geben kann. Das half ihr, jede Absage nicht gleich persönlich zu nehmen. Ein weiterer Effekt war, dass sie die Zahl und den Zeitaufwand für Themenvorschläge erhöhte, weil sie sich die potenzielle Gefahr einer Absage nicht mehr so zu Herzen nahm. Die Folge: Sie erhielt mehr Aufträge und konnte mehr Beiträge unterbringen. Und das Risiko, Geschichten anzubieten, auch auf die Gefahr hin, dass sie abgelehnt werden, lohnte sich noch aus einem anderen Grund: »Bei den meisten Auftraggebern gelten sinnvolle Vorschläge als eine Art Visitenkarte für die eigene Arbeit. Auch wenn gerade kein Platz ist, bleibt trotzdem ein guter Eindruck – die kümmert sich um ihr Gebiet und hat die wichtigen Termine im Blick –, und so beauftragten mich Redaktionen später dann oft doch noch.«

Dieses Beispiel lässt sich auch auf andere Jobsituationen übertragen. Egal, ob als Selbstständige oder als Festangestellte: Wenn Sie das Risiko eingehen, Ihre Arbeitskraft anzubieten, zeigen Sie damit Einsatzbereitschaft – auf die die andere Seite auch später zurückkommen kann. Wenn Sie sich zum Beispiel für eine höhere Position bewerben und dann doch jemand anders befördert wird, wissen Ihre Vorgesetzten zumindest, dass Sie sich für neue Aufgaben interessieren. Wenn Sie das Risiko eingehen, sich mit einem Angebot aus dem Fenster zu lehnen, vermitteln Sie damit, dass Sie sich zutrauen, die Aufgabe grundsätzlich übernehmen zu können. Deshalb lohnt es sich auch, anderen immer wieder die eigenen Pläne mitzuteilen. Wenn man davon überzeugt ist, das auch zu schaffen, werden es einem auch die anderen zutrauen und einem die entsprechenden Aufgaben anbieten.

Zusagen trainieren

Damit ist nicht gemeint, als weiblicher »Depp vom Dienst« zu allen Fleißaufgaben sofort Ja zu sagen und sie bedenkenlos zu übernehmen. In dieser Hinsicht sind Frauen bereits übertrainiert. Nein, es geht um die Aufgaben, die mit Verantwortung verbunden sind und mit denen Sie sich profilieren können. Wenn solche neuen Aufgaben zu vergeben sind, schreien Männer sofort »Hier!«.

Wie können Sie das auch schaffen? Sagen Sie aus Risikofurcht keinesfalls sofort komplett ab. Signalisieren Sie Interesse und fragen Sie, bis wann Ihre Antwort benötigt wird. Eine sinnvolle Strategie für Frauen ist es, zunächst grundsätzlich mit sich ins Reine zu kommen, dass ein eventuelles Scheitern keine existenzielle Katastrophe wäre. Üben Sie, ein Gefühl für die eigenen Stärken zu bekommen, um Herausforderungen anzunehmen, und einigen Sie sich mit Ihrem Perfektionsstreben darauf, es nicht immer und überall ausleben zu müssen. Zum »Jasagen« gehören Selbstbewusstsein und ein professionelles Selbstvertrauen, dass man den Dingen gewachsen ist. Stellen Sie sich innerlich darauf ein und briefen Sie sich vorher, dass es Situationen gibt, in denen man einfach Ja sagen muss. Und dann nehmen Sie sich vor, bei nächster Gelegenheit schnell Ja zu rufen. Es reicht, sich im Nachhinein im Einzelnen zu überlegen, wie man es hinbekommt – man wächst mit seinen Aufgaben, heißt es nicht umsonst im Sprichwort. Wenn Sie die Aufgabe tatsächlich bekommen, helfen Ihnen gut funktionierende Kontakte in Netzwerken und gute Verbündete, wenn es Schwierigkeiten geben sollte. Männer haben ihr Netz an Verbündeten und Fachleuten im Hinterkopf, wenn eine Anfrage kommt. Und sie wissen, wen sie fragen können, wenn sie selbst nicht weiterwissen.

Darüber zu lamentieren, hilft nicht weiter. Benchmarking ist angesagt: Bauen Sie Ihr eigenes Kontaktnetz mit wohlgesonnenen Männern und Frauen auf, die Sie unterstützen. Wie das geht? Dazu gibt's inzwischen jede Menge praxisorientierter Bücher wie etwa *Erfolgsstrategie Networking* von Monika Scheddin sowie Vorträge und Workshops.

Und nutzen Sie wirklich jede Gelegenheit, um risikoreicheres Verhalten zu üben. In Seminar-Situationen geht das bestens: Oft kann in der Gruppe nicht jeder bei jeder Aufgabe drankommen. Also: Nehmen Sie sich morgens schon vor, sich als Erste zu melden, wenn es die Möglichkeit gibt, bei einer Übung mitzumachen. Und machen Sie im Büro dann gleich mit kleinen Aufgaben weiter, bei denen Sie sofort Ja sagen, wenn sie Ihnen angetragen werden – so lange, bis es für Sie selbstverständlich ist.

Reden trainieren

Seien Sie mutig und riskieren Sie ein paar Worte. Trainieren Sie Ihren Mut zum Risiko, indem Sie sich auch in Männerrunden zu Wort melden. Seien Sie nicht zu selbstkritisch, wenn es nicht gleich klappt und Sie wieder in Ihre Schranken verwiesen werden, sondern probieren Sie es gleich wieder. Nur so bekommen Kollegen und Vorgesetzte Respekt vor Ihnen. Außerdem erhalten sie Informationen über Sie und wissen, mit wem sie es zu tun haben. So gewinnen Sie Profil und können langfristig Ihren Handlungsspielraum erweitern, weil man Sie dann im Blick hat, wenn jemand gesucht wird, der mehr Verantwortung übernehmen will.

Konfliktbereitschaft trainieren

Mut zum Risiko ist auch dann gefordert, wenn es zu Konflikten kommt. Denn bei Konflikten weiß man vorher nicht, wie sie ausgehen.

Eine Vertriebsmitarbeiterin bei einer großen Versicherung hatte Probleme mit dem neuen Regionalchef. Sie sollte unterschreiben, dass sie bestimmte Verkaufsziele in einem festgelegten Zeitraum erreichen würde. Sie sah aber große Schwierigkeiten, diese tatsächlich erreichen zu können – nicht nur wegen ihrer eigenen Fähigkeiten, sondern auch aufgrund der schlechten Marktlage. Im Coaching bereitete sie eine offensive Strategie vor, dass sie bereit sei, auf die Ziele hinzuarbeiten, aber nichts unterschreiben würde. Sie sprach zunächst mit ihrem direkten Vorgesetzten: »Sie werden verstehen, dass ich nichts unterschreibe, was mir schaden könnte, das würden Sie sicher auch nicht tun.« Dadurch gewann sie ihn als Verbündeten. Dann sprach sie mit dem Regionalchef in Anwesenheit ihres Vorgesetzten und teilte ihm ebenfalls mit, dass sie nicht unterschreiben werde. Anschließend präsentierte sie bestens vorbereitet, wie sie ihre Ziele erreichen wollte. Das Ergebnis: Lob vom Regionalchef vor der versammelten Mannschaft: »Wer sich so durchsetzt, wird sich auch beim Kunden durchsetzen.« Sie hatte sich Respekt auf sachlicher Ebene erarbeitet und hatte zudem den Konflikt, dass sie nicht unterschreiben würde, erfolgreich gelöst. Wichtig ist es, vorher das Risiko abzuschätzen. Auch wenn die Jobsituation schwierig ist, stellen Sie sich ihr und klären Sie Konflikte nach eingehender Vorbereitung.

Bei Nathali Klingens Forschungen zum Führungsverhalten zeigte sich, dass die Gruppenleistung im Experiment bei männlichen Leitern höher lag als bei weiblichen. Den Grund vermutet Klingen darin, dass männliche Leiter verstärkt auf kurzfristige Leistungsziele hinarbeiten, weibliche Leiter hingegen auch den Beziehungsaspekt in der Gruppe mit beachten und dadurch in Zeitnot geraten. Machen Sie sich deshalb von Ihrer Beziehungsorientierung nicht zu abhängig. Wappnen Sie sich innerlich und nehmen Sie auch mal das Risiko vorübergehend schlechter Stimmung im Team in Kauf, um ein Ziel zu erreichen.

Himmelfahrtskommandos nur bewusst übernehmen

Risiken eingehen – schön und gut, aber checken Sie trotzdem kurz, ob die Aufgabe tatsächlich interessant ist und genügend Zukunftspotenzial beinhaltet. Die Frage ist hier nicht, ob Sie gut genug für die Aufgabe sind, sondern ob die Aufgabe gut genug für Sie ist. Überlegen Sie, ob es vielleicht um eine Art »Himmelfahrtskommando« geht, bei dem allen infrage kommenden Männern sofort klar war, dass sie aus strategischen Gründen davon besser die Finger lassen. Nicht so selten werden in solchen Situationen dann Frauen gefragt. Aber das bedeutet nicht, dass Sie die Aufgabe annehmen müssen. Vielleicht sind Sie ja tatsächlich die Richtige dafür? Vielleicht gibt es in der Situation aber auch gar nichts zu gewinnen? Es geht nicht darum, dass Sie solche Jobs nicht annehmen sollten, weil das Risiko hoch ist, sondern dass Sie ein Bewusstsein dafür entwickeln, wann Sie ein hohes Risiko eingehen. Entscheiden Sie nicht in einer akuten Stresssituation. Achten Sie auf Ihre Intuition, holen Sie sich Rat von erfahrenen Kolleginnen und Kollegen und agieren Sie nicht gegen Ihr Bauchgefühl.

5. Jungs spielen lieber mit Jungs und Old Boys helfen sich

Auf den ersten Blick sieht es gut aus. Eine Erhebung des Statistischen Bundesamts auf Basis des Mikrozensus 2010 belegt: Es gibt so viele Frauen in Führungspositionen wie nie zuvor. Derzeit sind rund 28 Prozent aller Führungspositionen auf erster und zweiter Führungsebene privater Unternehmen in Deutschland von Frauen besetzt. In Unternehmen mit mehr als 50 Mitarbeitern finden sich allerdings nur noch 17 Prozent Frauen in der ersten und 23 Prozent auf der zweiten Führungsebene. Doch die Machtpositionen an der Spitze sind weiter fest in Männerhand. Laut Deutschem Institut für Wirtschaftsforschung bewegt sich der Anteil der Frauen in Vorstandspositionen bei den 200 größten Unternehmen (ohne Finanzsektor) in Deutschland derzeit gerade einmal bei 2,5 Prozent.

Die Zahlen bestätigen, dass man im Arbeitsleben oft den Eindruck hat: »Jungs spielen lieber mit Jungs. Wir bleiben lieber unter uns und Mädchen können draußen bleiben.« Männer scheinen kein Modell dafür zu haben, wie sie sich gegenüber beruflich engagierten Frauen verhalten sollen. Managementberater Reinhard Sprenger beschreibt das Phänomen so: »Schlägt man gar eine Frau für ein Vorstandsmandat vor, dann ist nicht ein erhöhter Rechtfertigungsdruck das Problem, sondern die Überwindung der Schrecklähmung. Man ist derart überrascht, dass man gar nicht erst ernsthaft in die Diskussion einsteigt. Was wiederum so überraschend nicht ist. Die Situation, dass Mann und Frau konkurrieren, ist stammesgeschichtlich neu. Die Arbeitsbereiche waren über Tausende von Jahren getrennt und sind es vielfach gegenwärtig noch. Sowohl von den phylogenetischen wie von den historischen Voraussetzungen ist es ein Novum, dass die

Geschlechter konkurrieren.« Und der Diplom-Psychologe Peter Friederichs weiß: »Frauen, die aufstiegsorientiert sind, sind für Männer besonders bedrohlich. Für sich selbst wissen sie, wie das Spiel läuft. Aber wie Frauen das machen, in diesem Spiel mitzuhalten, ist ihnen irgendwie nicht ganz erklärlich und damit nicht ganz geheuer.« Lieber halten sie sich an das Bewährte und spielen weiter mit Jungs.

Und dafür finden sie auch immer wieder vermeintlich gute Gründe. Das zeigt eine Studie des Sinus-Instituts in Heidelberg. Bei einer Befragung männlicher Führungskräfte ermittelte Carsten Wippermann, dass drei Mentalitätsmuster die »gläserne Decke« absichern, die Frauen daran hindert, aufzusteigen. Der konservative Typus lehnt Frauen qua Geschlecht ab und möchte sie nicht im Vorstand haben. Der zweite Typus hat eine emanzipierte Grundhaltung, meint aber, dass Frauen chancenlos seien, weil sie für das Topmanagement zu wenig Härte besäßen. Der dritte Typus meint, das Geschlecht spiele bei der Besetzung keine Rolle, aber es gäbe nicht genügend Frauen, die für eine Führungsposition authentisch und flexibel genug sind. Egal, welche Erklärung, der Effekt ist immer derselbe: »Frauen sollten besser draußen bleiben«.

Die sozialen Gruppen in der Kindheit

Die Bedeutung der Spiele ist für die Ausprägung unterschiedlicher Geschlechterkulturen nicht zu unterschätzen. In ihrer *Psychologie der Geschlechter* erweitert Eleanor E. Maccoby das klassische Modell, das die Unterschiede zwischen den Geschlechtern auf die unterschiedliche Sozialisation von Jungen und Mädchen durch Erwachsene zurückführt. Sie hält dieses Modell für zu eng gefasst und verlangt, die Aufmerksamkeit weniger auf das Individuum als auf die soziale Gruppe zu lenken. Ihre These ist, dass ein Großteil der Verhaltensunterschiede zwischen Männern und Frauen vom Gruppenkontext abhängig sei. Die Ursache dafür seien getrennte Kulturen von Jungen und Mädchen, also eine weitgehende Geschlechtertrennung in der Kindheit.

Im Alter von zwei bis drei Jahren können Kinder die eigene Person eindeutig als weiblich oder männlich einordnen. Dieses Bewusstsein setzt einen Prozess in Gang, in dem Kinder aktiv Persönlichkeitsmerkmale annehmen, die ihrer Meinung nach zur Geschlechtsidentität gehören. Schon früh sortieren Kinder Spielzeug, Kleidung und Aktivitäten danach, ob sie »für Jungen« oder »für Mädchen« sind. In Übereinstimmung mit der festgestellten Geschlechtsidentität und den von Eltern und Erzieherinnen und Erziehern vermittelten Stereotypen wählen Kinder ihre Aktivitäten und Werturteile aus. Die stärkste Orientierung des eigenen Verhaltens an gesellschaftlichen Rollenbildern geschieht zwischen dem fünften und achten Lebensjahr; danach werden die Geschlechterkonzepte wieder flexibler. Viele Bereiche der Arbeitswelt, wie etwa Vorstandsetagen, vermitteln allerdings heute noch den Eindruck, sie seien »nur für Jungs«.

Warum Jungen nicht mit Mädchen spielen und umgekehrt

Parallel zur Entdeckung und Herausbildung der eigenen Geschlechtsidentität mit ungefähr drei Jahren beginnt die Bevorzugung gleichgeschlechtlicher Spielgefährten. Mädchen spielen am liebsten mit Mädchen, Jungen mit Jungen. Diese Entwicklung beginnt im Kindergarten und wird in der Schule noch offensichtlicher. Die Forschung hat interessanterweise herausgefunden, dass dieses Muster nicht auf das Diktat von Erwachsenen zurückzuführen ist, sondern die eigene Wahl der Kinder widerspiegelt. Es sieht so aus, als ob sich Jungen sehr deutlich über die Abgrenzung von Mädchen definieren. Sie lehnen das andere Geschlecht und »weibliche« Aktivitäten ab und legen großen Wert darauf, nicht als »mädchenhaft« zu gelten. Entsprechende Spielsachen oder Aktivitäten sind tabu. Mädchen sind dagegen eher bereit, sich Jungenspielen anzuschließen. Ein Mädchen kann sich für männliche Aktivitäten und Spielgefährten interessieren, ohne von ihren Freundinnen abgelehnt zu werden. Umgekehrt gilt das nicht: Die meisten Jungen werden von ihren Spielgefährten gehänselt, wenn sie sich an Mädchenspielen beteiligen.

Zusätzlich grenzen sich Jungen stärker gegen die Erwachsenenwelt ab als Mädchen. Der Kontakt zur Mutter wird mit zunehmendem Alter seltener, und sie orientieren sich überwiegend an ihren Altersgenossen. Ungefähr ab sechs Jahren suchen Jungen Männlichkeit, zum Beispiel in Cliquen und in Ritualen. Ein Problem ist sicherlich die Nichtexistenz von männlichen Erziehern in Kindergärten und die mangelnde Bereitschaft von Erzieherinnen, sich mit den Interessen von Jungen auseinanderzusetzen, sowie die Abwesenheit vieler Väter im Alltag ihrer Familien. Doch ein wichtiger Grund der Abgrenzung vom Weiblichen, auf den auch die französische Philosophieprofessorin Elisabeth Badinter hinweist, liegt sicher darin, dass Mädchen beim Erwachsenwerden die weibliche Rolle ihrer Mutter auf sich übertragen können – selbst wenn sie sie später anders für sich definieren. Jungen müssen sich dagegen von ihrer Mutter deutlich abgrenzen, um ihre Männerrolle zu entwickeln.

Vorteile für Unternehmen mit mehr Frauen in Führungspositionen

Tatsächlich können Unternehmen aber gewinnen, wenn sie mehr Chefinnen beschäftigen, wie einige Studien belegen. Unternehmen mit mehr Frauen in Führungspositionen steigern Produktivität, Profitabilität und Gewinn – zu diesem Ergebnis kam bereits

2003 die schwedische Agentur für wirtschaftliches Wachstum, Nutek, die 14 000 Unternehmen in Schweden analysierte. Das bestätigte ein Jahr später eine Studie der amerikanischen Non-Profit-Organisation Catalyst, die vom Finanzdienstleister BMO Financial Group unterstützt wurde. Sie hatte 353 Unternehmen der »Fortune Global 500« untersucht, eine jährlich aktualisierte Liste der umsatzstärksten Unternehmen weltweit. Das Ergebnis: Firmen mit einem hohen Frauenanteil im Topmanagement erzielten höhere Aktien- und Eigenkapitalrenditen – im Schnitt 35 Prozent mehr als die Konkurrenz.

Die Analyse »Women Matter 1« der Unternehmensberatung McKinsey kam 2007 zu einem ähnlichen Ergebnis: Die besten Resultate stammten von Firmen mit drei oder mehr weiblichen Vorständen – und zwar in jeder der neun Kategorien, die McKinsey für Unternehmenserfolg als ausschlaggebend bestimmt hatte: Führung, Anweisung, Übernahme von Verantwortung, Koordination und Kontrolle, Innovation, Orientierung nach außen, Leistungsvermögen, Motivation, Arbeitsumfeld und Werte. Auffällig war, dass in einem Komitee mit durchschnittlich zehn Personen drei oder mehr Frauen sitzen müssen, um ein signifikantes Plus zu erzielen. Eine Frau allein reicht nicht aus, um etwas zu bewegen.

Es ist zwar nicht erwiesen, ob Frauen die besseren Managerinnen sind. Fest steht jedoch: Vielfalt nutzt einem Unternehmen. Martha Maznevski von der Business School IMD Lausanne weist im EU-Report »Women in Science and Technology – The Business Perspective« von 2006 speziell darauf hin, dass die Qualität der Teamführung eine wesentliche Rolle spielt. Gut geführte gemischte Teams zeigen bessere Leistungen als homogene. Der entscheidende Erfolgsfaktor ist nach Ansicht von Maznevski eine Kultur der »Inclusion«, der Einbeziehung, die die Unterschiedlichkeit einzelner Mitglieder nicht nur akzeptiert, sondern die Mitarbeiter dazu ermutigt, verschiedene Sichtweisen zu äußern.

McKinsey fand in der Studie »Women Matter 2« von 2008 heraus, dass weibliche Verhaltensweisen helfen, künftige Herausforderungen wie die fortschreitende Globalisierung zu meistern: Weibliche Führungskräfte vertrauen häufiger als Männer auf »Inspiration, partizipative Entscheidungsfindung und Belohnung«, während Männer auf »Leistungskontrolle« setzen. Letzteres nützt laut der Studie während der Krise und danach aber am wenigsten. In der Studie »Women Matter 3« belegt McKinsey zudem, dass Unternehmen mit mehr weiblichen Führungskräften dank dieser Eigenschaften auch die aktuelle Krise besser bewältigen.

Kein Wunder, dass Avivah Wittenberg-Cox, CEO des auf Gender-Themen spezialisierten Beratungsunternehmens 20-first, feststellt: »Frauen wollen keine Führungsverantwortung übernehmen. Aber wen interessiert das?« Es gehe schließlich nicht darum, was Frauen wollen, sondern darum, was Unternehmen bräuchten. Die Betriebe hätten eine Gender-Balance dringend nötig, da sie nachweislich besser für ihre Gewinne, ihre Kunden und ihre Talente sei. »Wenn Frauen in Unternehmen, wie sie jetzt sind, keine Führungspositionen übernehmen wollen, müssen sich die Organisationen ändern.«

Einige Unternehmen versuchen das auch. So hat sich beispielsweise die Deutsche Telekom mit einer selbstverordneten Frauenquote für Führungspositionen öffentlichkeitswirksam auf den Weg gemacht. Sie erhöhte den Anteil von Frauen bei der Einstellung von Topnachwuchskräften von 33 auf 52 Prozent, der Anteil von Frauen in Management-Entwicklungsprogrammen stieg seit 2009 von 18 auf über 30 Prozent im Jahr 2011. Andere Unternehmen haben ähnliche Initiativen. Das wird früher oder später eine Veränderung der Kultur bedeuten, weil Frauen in Führungspositionen dann endlich ihren Minderheitenstatus verlieren werden. In der Zwischenzeit sind Frauen aufgerufen, mikropolitisch schlau zu agieren, um möglichst gut in der Jungs-Kultur zurechtzukommen, bis sich eine neue gemischte Kultur mit eigenen Spielregeln etabliert hat.

Sich der Bedeutung der Spiele bewusst werden

Mädchen spielen oft den realen Alltag ihrer Mutter nach: Sie kochen ihrer Puppe etwas und füttern sie, sie trösten die Puppe, wenn sie auf den Boden fällt, mit denselben Worten, mit denen sie getröstet wurden, oder sie ahmen Telefongespräche nach. Jungen greifen gerne zu medialen Vorbildern und spielen Action-Figuren nach. Wenn bei diesen Spielen Mädchen überhaupt beteiligt sind, übernehmen diese (nicht immer freiwillig) die frauenspezifischen Rollen der Bedrohten und Geretteten. Dabei werden heldenhafte Gestalten wie Zorro oder Batman von den Jungen bevorzugt, da sie darauf bedacht sind, von den Spielgefährten nicht als »Schwächlinge« angesehen zu werden.

Der Hauptunterschied zwischen männlichen und weiblichen Spielstilen scheint darin zu liegen, dass die Jungen bestrebt sind, Dominanzhierarchien herauszuarbeiten und ihren Status zu sichern. Dies manifestiert sich nicht nur in der höheren direkten (verbalen oder körperlichen) Aggression, sondern auch in der Betonung von Kompetenzen. In Jungengruppen können sich fast alle Mitglieder durch bestimmte Fähigkeiten auszeichnen, beispielsweise mit Detailwissen über Dinosaurier oder geografische Besonderheiten, als Fußballspieler oder auch als Klassenclown. Mit diesem Spezialwissen oder diesen besonderen Fähigkeiten heben sie sich aus der Gruppe heraus, treten in Konkurrenz zu den anderen und erleben sich als kompetent. Ranghöhe scheint auch mit dem Alter verbunden zu sein, denn von den Erfahrungen eines Älteren kann eine Gruppe profitieren.

Karl Grammers Kindergarten-Studien zeigen, dass nicht das aggressivste Kind das ranghöchste ist, sondern das, dem am meisten Aufmerksamkeit entgegengebracht wird. Die Aggression innerhalb der Gruppe wird durch die Rangordnung kontrolliert. Durch diese Kontrolle wird kooperatives Verhalten, Gruppenloyalität und -harmonie gefördert. Jungen spielen eher in größeren Gruppen und draußen im Freien, während Mädchen eher kleinere Gruppen bevorzugen und sich im Haus aufhalten. Jungen mögen Kampfspiele mit vollem Körpereinsatz, Mädchen diskutieren lieber und verhalten sich vorsichtig.

Warten Sie nicht darauf, entdeckt zu werden – laden Sie sich selbst ein

Der kanadische Philosoph Peter Raabe weist darauf hin, dass Jungen nicht von ihren Altersgenossen eingeladen oder zum Mitspielen aufgefordert werden. Sie müssten die Mitgliedschaft in der Gruppe selbst in die Wege leiten – während Mädchen andere zum Mitspielen auffordern. Deshalb lernten Jungen schon früh, sich durchzusetzen und um ihre Position zu kämpfen: »Sie lernen sich zu schützen, indem sie ihre Auffassungen selbstsicher zum Ausdruck bringen und mit den Herausforderungen durch andere Jungen erfolgreich fertig werden.«

Jungen interessieren sich für geregelte Wettkämpfe, aus denen erklärte Sieger hervorgehen. Sie spielen meist mit vielen anderen Jungen, um zu gewinnen – die Teilnehmer stehen sich als Gegner gegenüber. Mädchen bevorzugen Spiele, in denen Kooperation anstelle von Rivalität gefordert ist. Sie spielen oft zu zweit und um der Freundschaft willen – in ihren Spielen werden die Ziele gemeinsam festgelegt. Im Sportunterricht bevorzugen Jungen

Kampfspiele wie Fußball und Rugby, bei denen sie Mann gegen Mann antreten können. Bei Mädchen hingegen überwiegt die Freude am Gruppenspaß – sie lieben das Tanzen in der Gruppe und Mannschaftsspiele wie Volleyball, bei denen ein Netz für Distanz zum Gegner sorgt.

Die Regeln der Jungenspiele haben in hohem Maße Einzug in die Arbeitswelt gehalten, ohne dass das den männlichen oder weiblichen Beteiligten immer bewusst wäre. Kein Wunder, dass Männer im Job Heimpunkte sammeln, während die Frauen darauf warten, zum Mitspielen aufgefordert zu werden.

Der Webdesignerin Constanze Hartmann wurde das klar, als sie zum ersten Mal einen lockeren IT-Branchentreff besuchte: »Ich saß bei drei jungen Männern an einem Tisch. Sie unterhielten sich über Messevorbereitungen. Ich hörte aufmerksam zu und schaute fragend oder zustimmend, ohne dass mich jemand direkt ansprach, worauf ich die ganze Zeit wartete. Der Arbeitsgruppenleiter fragte mich irgendwann, ob ich neu sei und was ich denn so mache. ›Jaja, sieht man schon, dass du Webdesign machst.‹ (Haha, eine Frau kann natürlich nicht programmieren ...). Ich unterhielt mich dann mit einem neu Hinzugekommenen, mit dem ich locker verabredet gewesen war, ausführlich über Projektarbeit. Im Nachhinein denke ich, ich hätte mich ruhig auch eher von selbst in das Gespräch einklinken können, ohne darauf zu warten, erst gefragt zu werden.«

Achtung, Falle: »Jungs spielen lieber mit Jungs« heißt nicht, dass sie keinesfalls mit Mädchen spielen. Frauen sollten nicht von sich aus vor der Tür bleiben, nur weil sie nicht aufgefordert werden. So ist das zwar unter Mädchen beim Mitspielen üblich, bei Jungs dagegen nimmt man einfach teil, wenn es einem keiner verwehrt.

Bei Maria Freiberg hat das gut geklappt. Die Betriebswirtin war als Bereichsleiterin die einzige Frau bei der europäischen Niederlassung eines amerikanischen Industrieunternehmens. Sie wollte immer schon in der Industrie arbeiten und beruflich erfolgreich sein und hatte dafür auch familiäre Vorbilder: Ihr Vater war Heizungsbauer in einem Handwerksbetrieb, ihre Mutter Abteilungsleiterin in der EDV eines Industrieunternehmens. Sie sagt von sich selbst: »Das Rollenspiel war kein Problem, schon als Kind habe ich lieber mit Jungs und Matchbox-Autos gespielt. Seit meinem Berufseinstieg hatte ich immer Förderer. Ich hatte im Unternehmen immer das Gefühl: ›Es sind meine Jungs.‹« Und mit denen findet sie auch genügend Gesprächsthemen, zum Beispiel über ihre Hobbys Mountainbiken oder Marathonlaufen. Aber sie unterhält sich auch schon mal mit einem Manager übers Kochen – je nachdem, welche Interessen ihr Gegenüber hat.

Inzwischen arbeitet sie als Interimsmanagerin und traut sich, mehr von sich zu zeigen: »Früher habe ich stärker versucht, mich ans System anzupassen. Jetzt bin ich älter geworden und sage mir, jetzt müssen meine Teammitglieder und Kollegen mit mir leben, wie ich bin. Heute zicke ich auch mal rum oder sage: ›Jetzt reicht's!‹ Ich zeige stärker persönliche Gefühle, wenn ich mich ärgere oder traurig bin.« Das kann sie sich heute leisten – wegen ihres Standings und ihrer über 15-jährigen Berufserfahrung.

Interessant ist es, wenn man das Thema »Frauenquote« unter dem Mitspiel-Aspekt betrachtet. Anstatt weiter still draußen vor der Tür zu warten, dass sie eingeladen werden, formulieren Frauen per Quote den Anspruch »Wir wollen hier rein!«. Es heißt, nicht mehr zu warten, dass man zum Mitspielen endlich eingeladen wird. Und es bedeutet, das Jungs-Spiel mit Jungs-Methoden zu spielen und auch nicht mehr auf Scheinargumente wie »Frauen sind noch nicht gut genug zum Mitspielen« einzugehen. In Norwegen hat das wunderbar funktioniert. Dort wurde eine Quote von 40 Prozent Frauen in Aufsichtsräten festgeschrieben, die inzwischen auch erreicht wird.

Mitreden bei Männerthemen

Viele Managerinnen in internationalen Unternehmen nehmen an Runden mit elf, zwölf Kollegen teil – bei denen außer ihnen selbst keine oder vielleicht noch eine andere Frau dabei ist. Abends nach dem Meeting geht's gemeinsam zum Essen und dort spielen Themen eine Rolle, die sie gar nicht interessieren. Besonders gerne wird über Autos gesprochen: wie viel PS der eigene Firmenwagen hat, wie viel man privat monatlich zuzahlt, um den und den Wagen mit jener tollen Ausstattung zu bekommen usw. Ein Thema, dem viele Frauen nicht so viel abgewinnen können. Eine Pharmamanagerin, die bei solchen Gesprächen trotzdem nicht außen vor bleiben will, versucht dann das Gespräch in eine für sie interessante Richtung zu wenden, bei der sie mitreden kann. So sagt sie etwa bei Gesprächen über feuchtfröhliche Abende in einer bestimmten Stadt: »Ach ja, in der Stadt, da gibt's ja dieses tolle Hotel XY mit der coolen Bar.« Diese Gesprächstaktik funktioniert meist erfolgreich.

Weitere beliebte Themen, bei denen sich Männer als Experten positionieren, sind Nachrichten, Branchennews und natürlich Sport – und dabei vor allem Fußball. Nachrichtensehen nebenbei reicht oft, um die Bundesliga-Ergebnisse zu erfahren – die wichtigsten Spielergebnisse und ein bisschen Name-Dropping reichen dann schon, um zu zeigen, dass man sich auch auskennt und dazugehört.

Feiern und Dienstreisen

Allein unter Männern – dieses Gefühl kennt Jana Meissner, Vertriebsmanagerin bei einem Automobilkonzern, nur zu gut. Oft ist sie die einzige Frau bei einem Projekt oder in Meetings. Bei Dienstreisen nach Asien geht's nach dem Abendessen oft in eine Bar und am Schluss dann noch in die Hotelbar, nach dem Motto: »Mal sehen, wer am längsten durchhält.« Die Themen dabei sind männlich geprägt: Autos, Sport, Bundeswehr sowie (je später der Abend) sexuelle Anzüglichkeiten, bei denen es auch schon mal um die eigene Ehefrau geht. Oft hört Jana Meissner dann Bemerkungen wie »Wir müssen Rücksicht nehmen, wir haben eine Dame dabei«. Sie will sich nicht ganz ausschließen, verabschiedet sich aber meist, sobald der Alkoholspiegel der Kollegen ansteigt – also lange vor dem Ende des Abends. Sie hat das Gefühl, dass die Kollegen ganz froh sind, wenn sie geht, weil sie dann ihre Witze unterhalb der Gürtellinie machen können. Dass sie als gleichberechtigtes Teammitglied dabei ist, passe ihrem Eindruck nach immer noch nicht ins Bild. Andere Frauen tauchen nur als Dolmetscherin und Assistentin auf, und die Ehefrauen auch ihrer jüngeren Kollegen sind beruflich meist nicht oder nur kaum engagiert. Außerdem scheint es, als ob die Männer es nötig hätten, über die Stränge zu schlagen und den großen Macker zu markieren. Als ob sie es genießen würden, endlich von zu Hause weg zu sein, wo sie sich anscheinend eingezwängt ins alltägliche Familienleben fühlen.

Diese Abläufe erinnern wieder an die Jungengruppen, die sich in der Kindheit von den Mädchengruppen abgrenzen. Gemeinsame Besäufnisse stärken offenbar das Kumpelverhalten und die

Gruppenzugehörigkeit und sind ein Ritual. Sollten Frauen jetzt beklagen, dabei ausgeschlossen zu sein? Dass sie es sind, ist kaum zu leugnen. Aber irgendwie scheint es für die meisten Frauen kaum eine angemessene Art und Weise der Teilnahme an solchen Trinkgelagen zu geben. Warum also Energie darauf verschwenden? Lieber souverän die Jungs dabei allein lassen und sich daran erfreuen, dass die persönliche Kultur unter Frauen schließlich auch ihre Vorteile hat. Hier hilft Gelassenheit und auch Humor.

Pokerface und persönliche Plauderei

Frauen möchten zuerst eine persönliche Beziehung aufbauen, bevor sie zum Geschäftlichen übergehen. Sie plaudern deshalb gern über verschiedene Themen, oft auch auf persönlicher Ebene, um den anderen kennenzulernen. Das entspricht in südlichen, aber auch in arabisch geprägten Ländern der herrschenden Kultur und ist dort sinnvolles Businessverhalten, um gute Geschäfte zu machen.

Hierzulande entspricht dieses Verhalten nicht der herrschenden Männerkultur. Zwar sind jüngere Männer persönlicher, aber täuschen Sie sich nicht: Wie stark sich diese Gesprächskultur zwischen Männern und Frauen unterscheidet, zeigt sich daran, dass Männer nicht nur sehr wenig Persönliches über ihre Arbeitskollegen, sondern auch über Bekannte, manchmal sogar ihre Freunde oder Familienmitglieder wissen. Im Job zählt die Sache, Persönliches bleibt außen vor. Das gilt für die Gesprächsatmosphäre, aber auch für die Themen. Männer erwarten die sachliche Konfrontation geradezu, dann erst sprechen sie einer Frau Kompetenz zu.

Unterschätzen Sie nicht die Wirkung, die ein Pokerface fürs Standing hat. Wer nicht alle seine Gefühle, Absichten und Regungen nach außen spiegelt, muss von anderen, vor allem von den Teammitgliedern, sorgsamer beobachtet werden. Er erhält also mehr Aufmerksamkeit und besetzt so einen höheren Rang.

Aus Jungs werden Old Boys: Wir kennen uns – wir helfen uns

Geschlossene Gesellschaft: Welche Frau kennt nicht dieses Gefühl, sich als Außenseiterin zu empfinden, wenn sie im Job wieder einmal auf eine festgefügte Männerrunde trifft? Das Prinzip, dass Jungs am liebsten mit Jungs spielen, wird dadurch verstärkt, dass im Arbeitsleben die Spezies der »Old Boys« weitverbreitet ist. Was zeichnet sie aus?

Kennzeichnend ist, dass sie sich vor allem untereinander sehr ähnlich sind. Sie finden sich zusammen nach dem Prinzip der geringsten Mühe: Lieber mit jemand Bekanntem und Vertrautem zu tun haben, den man leichter einordnen kann, als mit jemand Unbekanntem – und sei es nur, dass jemand vertraut riecht. Sabine Sczesny und Kollegen legten Versuchspersonen Bewerbungsunterlagen vor, die mit typisch männlichem oder typisch weiblichem Parfum besprüht waren. Die Unterlagen mit der männlichen Duftnote wurden mit höherer Sicherheit zur Einstellung empfohlen und ihr Führungspotenzial wurde höher eingeschätzt.

Sich möglichst mit jemandem zusammenschließen, der nicht nur dasselbe Geschlecht hat, sondern auch ähnliche Erfahrungen und ähnliche Werte, ist einfacher, als sich mit Fremden auseinanderzusetzen, die man wesentlich schwerer einschätzen kann. Und das Risiko ist so auch viel geringer. Dieser Gedanke verbindet Old-Boys-Netzwerke, in denen gilt: Wir kennen uns – wir helfen uns. Männer wachsen in diese Old-Boys-Netzwerke hinein – oft wird die Basis dafür schon in den karriereträchtigen Studiengängen gelegt. Frauen haben bei der Ausbildung aufgeholt, aber bis sich das im Job bemerkbar macht, wird es noch eine Weile dauern.

Wie Frauen das Old-Boys-Prinzip clever nutzen

Zunächst sollten Frauen ganz bewusst den Aufbau ihrer eigenen Netzwerke vorantreiben. Nicoline Scheidegger und Margit Osterloh vom Institut für betriebswirtschaftliche Forschung der Universität Zürich weisen darauf hin, dass für Frauen und Männer unterschiedliche Netzwerke karriereförderlich sind. Hochrangige Männer profitieren von flachen, unternehmensweiten Netzwerken, in denen sie selbst die Knotenpunkte bilden. Die Legitimation von Frauen stützen dagegen vor allem ein hierarchisches Netzwerk um einen strategischen Partner, der nicht ihr direkter Vorgesetzter ist, plus ein Netzwerk, das sich aufgabenorientiert auf die eigene Abteilung konzentriert. Und dann hilft es, den Old-Boys-Netzwerken wie bei einem Schachspiel strategisch zu begegnen und zu schauen, wo und wie man für sich Punkte verbuchen kann.

Das Verbindende suchen

Manchmal sind die Unterschiede besonders deutlich. Die Erfahrung, die Cornelia Schmalenbach gemacht hat, ist dafür beispielhaft.

Die Geschäftsführerin eines Vereins hatte vor allem mit dem Vorstand des Vereins und den Mitgliedern zu tun, die fast alle Unternehmer waren. Ihre Aufgabe war mit den bescheidenen Mitteln, die ihr zur Verfügung standen, nur schwer zu bewältigen. Erschwerend kam hinzu, dass sie sich, bezogen auf die anderen Beteiligten, in allem als das Gegenteil fühlte: »Die Männer waren über 60, sehr vermögend und politisch konservativ eingestellt.« Schmalenbach fühlte sich als Einzelkämpferin. Einerseits war es ein gravierender Nachteil, dass sie so anders war – andererseits beinhaltete gerade das die Möglichkeit, dass das Problem bewusst wird. Nur dadurch kann man ihm offensiv gegenübertreten. In manchen sich modern gebenden Medienunternehmen sind die Old-Boys-Systeme unter Umständen genauso vorhanden, aber durch den lockereren Umgangston eher verschleiert.

Erfolg versprechend wäre es gewesen, wenn Cornelia Schmalenbach den Fokus vom Trennenden weggerichtet und in ihrer Rolle als Geschäftsführerin mikropolitisch überlegt hätte, wo es doch Gemeinsamkeiten mit den Old Boys geben könnte. Solche Gemeinsamkeiten existierten sicher, zum Beispiel auf der Ebene gemeinsamer Ziele, was alle mit dem Verein bewegen wollten. Wenn sie diese betont hätte, wäre sie den Männern sicher ein Stück ähnlicher geworden.

Branchenkontakte intensivieren

Engagieren Sie sich in Vereinen und Verbänden, die für Ihre Branche wichtig sind. Dort gehören Sie automatisch dazu, denn Sie sind ja Mitglied. Gehen Sie in Spezial-Arbeitsgruppen und Arbeitskreise zu Themen, die Sie interessieren und die strategisch für Sie wichtig sind. Ehrenamtlich Engagierte sind überall willkommen. Werden Sie ein angesehenes Mitglied einer solchen Community. Besuchen Sie unbedingt Tagungen und Kongresse, die die Verbände veranstalten oder die sonst für die Branche wichtig sind. Bei den Tagungen tauchen auch die wichtigen Leute auf und Sie können Kontakte aufbauen und vertiefen.

Gemeinsamkeiten entwickeln

Wenn Sie nur wenige oder keine Gemeinsamkeiten finden, hilft es, Ausschau zu halten, wo Sie weitere Gemeinsamkeiten entwickeln können. Das heißt etwa, auf der fachlich-sachlichen Ebene einen Arbeitskreis zu einem Spezialthema auf die Beine zu stellen. Oder auf informeller Ebene die Tatsache zu nutzen, dass Männer ihre Rituale über Dinge pflegen, die sie gemeinsam machen, beispielsweise Sport. Da gibt es dann die Golfliga, aber auch diejenigen, die Badminton spielen oder zusammen zum Joggen gehen.

Überlegen Sie, was zu Ihnen passt, was Sie gerne machen. Golf vielleicht nicht, aber Badminton? Probieren Sie es einfach aus. Vielleicht nehmen Sie auch befreundete Kolleginnen mit. Wenn die Gruppe blockt, können Sie trotzdem versuchen, zu einzelnen Männern guten Kontakt aufzubauen. Suchen Sie sich Themen, die Sie mit ihnen besprechen können. Oft hilft es, viele Fragen zu stellen, denn Männer fühlen sich meist wohl in der Rolle des Beraters.

Old-Girls-Netzwerke erweitern

Schaffen Sie sich zusätzlich in speziellen Frauenverbänden und informellen Netzwerken Ihre eigene Unterstützungsplattform und Ihr »Old-Girls-Netzwerk«. So lernen Sie die wichtigen Frauen aus Ihrer Branche kennen, hören die Branchennews und erfahren frühzeitig von offenen Positionen. So kommen beispielsweise über die Mailinglisten des European Women Management Development Network, einem Verein zur Förderung von Frauen im Management, dem Journalistinnenbund oder dem Nettwerk, einem Netzwerk für Frauen in Kommunikationsberufen, immer wieder Jobangebote für feste Stellen oder Gesuche für Freiberufler. Auch Old Girls bekleiden Schlüsselpositionen – und pflegen sehr persönliche und damit auch sehr machtvolle Beziehungen. Unter Frauen – und das ist eine ihrer großen Stärken – ist viel Offenheit möglich.

Im Old-Girls-Netzwerk sind Sie selbst als Rollenvorbild für andere Frauen sichtbar. Das ist wichtig, weil die weiblichen Vorbilder als externe Verstärkung fungieren, wie Gwen Elprana und Kollegen in ihrem Forschungsprojekt »Führungsmotivation im Geschlechtervergleich« herausgefunden haben. Es handelt sich dabei um Frauen, die mindestens ein weibliches Vorbild in Verbindung mit ihrer Karriere sehen, ihre eigene Führungsmotivation höher einschätzen, ihren Führungsposten aktiver angestrebt haben und bereits mehr Führungserfahrungen gesammelt haben als Frauen ohne weibliche Vorbilder.

Bestimmen Sie die Leitkultur

Männer sind anders, Frauen auch. Verändern Sie einmal den Blickwinkel und überlegen Sie, wie Sie selbst durch Herkunft, Geschlecht und bestimmte Erfahrungen geprägt sind. Wie beeinflusst Sie das? Was ist bei Ihnen anders als bei Vertretern der herrschenden Leitkultur? Wie sensibel sind Sie für die Unterschiedlichkeit anderer Menschen?

Viel Erfahrung mit diesen Fragen hat die Gender-Expertin Barbara Weißbach, die bei Diversity-Trainings Unternehmen beibringt, die Verschiedenartigkeit und die unterschiedlichen Lebenssituationen ihrer Mitarbeiter stärker zu berücksichtigen. Sie empfiehlt folgende Übung:

Was ist die Leitkultur?

Legen Sie ein farbiges Band kreisförmig in die Mitte des Raumes auf den Boden. Legen Sie in den Kreis ein Foto, das die herrschende Leitkultur symbolisiert – zum Beispiel das Foto einer älteren, männlichen Führungskraft. Gruppieren Sie Fotos anderer Menschen (die Sie am einfachsten aus Zeitschriften ausschneiden) außerhalb des Kreises – je ähnlicher, desto näher am Kreisrand, je fremder, desto weiter außen.

- Was denken und fühlen Sie beim Betrachten des Bildes im Kreis?
- Wie ändert sich das Bild, wenn im Zentrum (also als Leitfigur) beispielsweise ein türkischer Arbeiter liegt, ein Kind oder eine Frau?
- Welche Gedanken und Gefühle verbinden Sie mit dem neuen Bild?

Bei dieser Übung geht es darum, zu erkennen, wie wichtig Faktoren wie Geschlecht, Status und Alter sind, und wie man sich fühlt, wenn einem die Leitkultur fremder oder vertrauter ist.

Vielleicht kommen Sie bei der Übung auch zu der Auffassung, dass es unwahrscheinlich ist, in dieser Organisation mit dieser Art von Leitkultur weiterzukommen. Und Sie entscheiden sich, sich lieber einen Arbeitsplatz zu suchen, an dem bereits mehr Frauen in höheren Positionen zu finden sind, und Sie sehen, dass in diesen Unternehmen Diversity tatsächlich stärker gelebt wird.

Studien zeigen, dass sich hohe Frauenanteile in den Spitzengremien eines Unternehmens positiv auf das Nachrücken weiterer Frauen in Führungspositionen auswirken. Das sollten sich Unternehmen zunutze machen, die tatsächlich Frauen fördern möchten. Umgekehrt können Sie aber auch davon ausgehen, dass Sie in solchen Unternehmen mehr Chancen haben.

Es ist also mehr als sinnvoll, wenn Sie bei Ihrer Jobsuche oder einem Jobwechsel nicht nur Parameter wie Aufgabe, Arbeitsort, Gehalt bewerten, sondern auch Ihren ganz persönlichen Gender-Index für das Unternehmen bestimmen: Ist es ein attraktiver Arbeitsplatz, weil dort bereits andere Frauen in Führungspositionen sichtbar sind? In den nächsten Jahren werden die Unternehmen verstärkt um qualifizierte Fach- und Führungskräfte werben und sich dabei als moderne, interessante und frauenfreundliche Arbeitgeber präsentieren. Überprüfen Sie die Unternehmen nicht nur in Sachen familienfreundliche, flexible Arbeitszeitregelungen und Kinderbetreuungsmöglichkeiten, sondern auch, ob es dort bereits tatsächlich einen erklecklichen Anteil an Frauen in Führungspositionen gibt.

6. Verbündete werden gepflegt

Frauen sind gut ausgebildet, engagiert und inzwischen auch in Netzwerken aktiv – warum brauchen sie Verbündete? Immer noch wird behauptet, dass Frauen vor allem wegen ihrer Kinder ihre Karriere nicht fortsetzten. Offenbar entspricht das in dieser Eindimensionalität nicht den Tatsachen. Denn das Thema »Kinder« gab nur jede zehnte Managerin als Problem an, die Sonja Bischoff in ihrer Studie »Wer führt in (die) Zukunft?« befragte. Das größte Hindernis für weibliche Chefs sind nach wie vor die Vorurteile, die man ihnen entgegenbringt. Ein Viertel der Managerinnen gab an, dass ihnen Führungskompetenzen schlicht abgesprochen werden. Das hat sich in den letzten 25 Jahren nicht geändert: »Die persönlichen Erfahrungen von Diskriminierung der Managerinnen sind heute genauso häufig wie im Jahr 1986«, sagt Bischoff. Es ist also für Frauen besonders wichtig, Unterstützer zu haben, die ihnen vorurteilsfrei begegnen, ihnen Anerkennung verschaffen und ihnen helfen, sachlich wichtige Dinge voranzubringen.

Wer hält die Fäden in der Hand?

Während Frauen noch einmal am Bericht feilen, das Protokoll der letzten Besprechung tippen oder dem neuen Kollegen das Computerprogramm erklären, sind Männer unterwegs, um ihre Verbindungen zu pflegen. Hier ein wichtiges Mittagessen, da der Besuch einer Konferenz, dort ein Termin. Das schafft nicht nur ein gutes Klima, weil ein persönlicher Kontakt entsteht, sondern auch Verbündete, die inhaltlich am selben Strang ziehen. Männer wissen, wer dafür infrage kommt, sie bei ihren Plänen zu unterstützen, und wer nicht. Es ist ihnen klar, wer im Machtgefüge des Unternehmens wichtig ist. Sie denken in Kategorien wie »Bereich« oder »Revier«. Sie wissen bei geplanten Veränderungen in der Organisation sofort, was das für den eigenen Bereich und die Bereiche der Kollegen bedeutet und wie sie das in ihre Überlegungen mit einbeziehen müssen.

Frauen ist diese Denkweise meist fremd, »weil es doch auf die Sache ankommt«. Nicht verwunderlich also, dass die Berliner Soziologieprofessorin Christiane Funken bei ihren Forschungen Folgendes festgestellt hat: Wenn man Frauen, die eine neue Stelle antreten, fragt: »Was machen Sie als Erstes im Unternehmen?«, sagen fast alle Frauen: »Ich arbeite mich ein.« Männer dagegen sagen: »Ich schaue, wo's langgeht, wer die Fäden in der Hand hält.« Männer erstellen eine Art soziales Organigramm, in dem auch informelle Machtstrukturen berücksichtigt sind. Anders die Frauen: Sie neigen dazu, sich in die Gruppe zurückzuorientieren.

Reflektieren Sie, ob Sie auch dazu tendieren, und ergreifen Sie gegebenenfalls Gegenmaßnahmen. Wenn es Ihnen beispielsweise persönlich wichtig ist, bei Teammeetings mit Ihrem Vorgesetzten alle Beteiligten anzusprechen, überlegen Sie, wann Sie die Unterstützung Ihres Vorgesetzten dringend brauchen, und richten Sie sich dann direkt an ihn als »Nummer eins«. Und: »Man braucht immer zwei Chefs, die einen unterstützen: den direkten Chef und den darüber.« Diesen Satz hörte »High Potential« Katja Mohrhusen von einem Geschäftsbereichsleiter beim Einführungsprogramm für Nachwuchskräfte ihres Unternehmens. Für sie ein Schlüsselsatz, der sie auch heute immer noch nach möglichen Verbündeten Ausschau halten lässt.

Tragfähige Verbindungen gehören zum Job

Zu denken, dass Sie sich nur auf die Inhalte Ihrer Arbeit verlassen zu brauchen, damit es gut läuft, ohne sich um Kontakte zu anderen Abteilungen und zu Vorgesetzten weiter oben zu bemühen, ist einer der größten Irrtümer von Frauen im Berufsleben. Erweitern Sie Ihren Blickwinkel. Üben Sie im Gedankenspiel, Machtkategorien einzubeziehen. Und vor allem: Suchen Sie sich Verbündete. Auch wenn Sie sich heute gar nicht vorstellen können, wofür Sie sie vielleicht jemals brauchen können. Je länger Sie im Job sind, desto mehr Situationen werden auf Sie zukommen, in denen es äußerst nützlich ist, Verbündete zu haben. Das gilt heute noch viel mehr als früher, da sich die festen Strukturen in der Arbeitswelt zunehmend auflösen, Matrixorganisationen immer häufiger werden, die Geschwindigkeit des Wandels rasant zunimmt und Sie sich immer wieder neuen Herausforderungen stellen müssen.

Auch wenn Sie in Ihren Terminkalender schauen und sich denken: »Da habe ich gar keine Zeit dazu«, müssen Sie sich diese Zeit nehmen. Überlegen Sie, wie Sie Ihr Zeitkontingent innerhalb des Jobs sinnvoll so aufteilen, dass Luft für informelle Gespräche und den Aufbau tragfähiger Jobbeziehungen bleibt. Weiterhin sollten Sie überlegen, wie Sie sich durch Unterstützung im Privaten Luft dafür verschaffen können, indem auch Ihr Partner für die Kinderbetreuung verantwortlich ist, damit Sie auch mehrtägige Tagungen besuchen oder sich mit Kollegen zum Badmintonspielen verabreden können.

Aktiv Zeit für Selbst-PR, Networking und das Suchen von Verbündeten zu reservieren und zu investieren, sollten Sie als genuinen Teil Ihrer eigenen Jobbeschreibung ansehen, egal, ob Sie Kinder haben oder nicht. Sie werden mit der Zeit eine verblüffende Erfahrung machen: Nachdem Sie ausgiebig Zeit in die Pflege von

Beziehungen investiert, konsequent Selbst-PR betrieben, intensiv genetworkt und Verbündete gefunden haben, wird sich nach und nach der Erfolg einstellen. Jahrelang kostet es Sie viel, viel Zeit und Pflege, dieses Netz aufzubauen, ohne dass Sie zwischendurch das Gefühl gehabt hätten, sehr viel weitergekommen zu sein. Und plötzlich amortisiert es sich, weil nun bestimmte Dinge ganz einfach sind. Zum Beispiel, weil es Sie sehr viel weniger Zeit kostet, an bestimmte Infos zu gelangen, weil Sie einfach wissen, wen Sie auf informelle Art und Weise schnell mal zwischendurch fragen können.

Das Engagement in Netzwerke und Verbündete braucht ein paar Jahre, bis es positive Ergebnisse zeigt. So wie Sie bei einer Existenzgründung mit drei bis fünf Jahren rechnen müssen, bis sich zeigt, ob Ihr Unternehmen auf sicheren Füßen steht, so müssen Sie auch bei der strategischen Positions- und Jobpflege mit mehreren Jahren rechnen, bis sich ein tragfähiges Netz entwickelt hat. Doch die Mühe lohnt sich. Zum einen, weil es den Aufstieg deutlich erleichtert, zum anderen, weil es das Abhängigkeitsgefühl von einer bestimmten Position verringert, weil Sie im Fall des Falles einfach Anlaufstellen haben, die Ihnen weiterhelfen können. Es ist weder Zauberei noch die große Männerweltverschwörung, dass Männer, die ihren Job verloren haben, scheinbar relativ einfach bald wieder einen neuen finden. Diese Männer haben jahrelang Zeit ins Networking investiert.

Persönlichen Kontakt suchen

Cornelia Schmalenbach würde es heute anders machen. Die ehemalige Erwachsenenbildnerin führte als Geschäftsführerin einen Verein, in dem Unternehmen und Institutionen als Mitglieder jeweils durch ihre männlichen Geschäftsführer vertreten waren. Der Vorstand bestand aus Cornelia Schmalenbach als Geschäftsführerin und drei Männern. Ihre Stelle war zunächst auf ein Jahr befristet. Nach einem halben Jahr verfasste sie auf eigene Initiative einen Zwischenbericht. Sie formulierte deutlich, dass sie noch zusätzliche Unterstützung für ihre Aufgabe brauche, beispielsweise eine Kraft fürs Sekretariat. Diesen Brief schickte sie an die drei Männer aus dem Vorstand. Keine Reaktion. Daraufhin versuchte Cornelia Schmalenbach ein gemeinsames Vorstandstreffen herbeizuführen – ohne Erfolg. Ihr Vertrag wurde nicht verlängert.

Was hätte sie aus heutiger Sicht anders machen können? »Das meiste läuft übers persönliche Gespräch, ich hätte die Männer einzeln als Verbündete gewinnen müssen.« Dabei wollte sie es den Männern so bequem wie möglich machen, sie nicht belästigen. Und: »Ich musste immer so viel für den Verein organisieren: die Teilnahme an Messen, neue Projekte auf die Beine stellen, die Homepage weiterentwickeln. Ich habe mir einfach keine Zeit dafür genommen.«

Im Coaching erlebe ich oft, dass Frauen verärgert sind, dass Vorgesetzte in der Matrixorganisation oder auch Kollegen in anderen Abteilungen des Unternehmens sie nicht genügend einbeziehen und so Dinge sachlich nicht optimal laufen. Für die engagierten Coachees unverständlich, schließlich wollen sie ihre Aufgabe fürs Unternehmen so gut wie möglich lösen – und das sollten doch auch alle anderen wollen. Interessant ist, was passiert, wenn eine Frau erst einmal ihre moralische Erwartungshaltung zurückstellt und als neuen Spielzug ausprobiert, auf die betreffende Führungskraft oder den entsprechenden Kollegen zuzugehen und ihnen zu signalisieren, dass sie sie bei ihrer Arbeit unterstützen möchte. Der Erfolg ist häufig sehr groß, das persönliche Verhältnis und die fachliche Zusammenarbeit verbessern sich, sodass es oft scheint, als ob das Gegenüber nur darauf gewartet hätte, dass die Frau eine mögliche Verbündete sein kann.

Vielen Frauen fällt das anfangs richtig schwer, sie müssen sich überwinden, auf ihr Gegenüber zuzugehen. Vielleicht steckt hier noch ein Teil des unbewussten biologischen Erbes, dass Frauen erwarten, dass der Mann auf sie zukommt und um sie wirbt. Hier verbirgt sich jedenfalls ein großes Potenzial, das Frauen nutzen können, ohne sich anzubiedern. Und es lohnt sich, couragiert zu sein.

Kim Reinhardt, inzwischen als Unternehmensberaterin und Coach selbstständig, hat die Flucht nach vorn ergriffen und immer versucht, Feinde zu Freunden zu machen. Sie ging extra in bestimmte Arbeitsgruppen, damit die Männer merken konnten, was sie kann. Sie ließ sich nicht abschrecken, wenn bei Veranstaltungen Männer mit verschränkten Armen in ihrer Nähe standen – und hat sich dann mit einem Glas Bier dazugestellt: »Ich bin ein Mensch, der schnell Kontakt findet, ich habe eine offene Art«, sagt sie. Abends beim Essen setzte sie sich extra an den Tisch mit den Personen, die ihr noch zögerlich gegenüberstanden. Eine Strategie, die aufging und ihr eine Reihe guter Kontakte bescherte.

Forschen Sie nach Verbündeten

Während Männer eine Art inneres Radar dafür zu besitzen scheinen, wer für sie wichtig sein könnte, müssen sich Frauen darüber bewusst Gedanken machen. Stellen Sie sich folgende Fragen:

- Wer sind die für Sie und Ihre Arbeit wichtigen Personen?
- Wer sind die Meinungsbildner?
- Schreiben Sie die Namen und die Funktionen der Personen in einer Liste auf oder erstellen Sie eine Überblicksskizze. Zeichnen hat den Vorteil, dass Ihnen durch die räumliche Perspektive dabei vielleicht noch Menschen oder bestimmte Positionen einfallen, die Sie sonst eher übersehen.
- Zu wem haben Sie schon guten Kontakt?
- Zu wem wollen Sie den Kontakt noch verbessern?
- Zu wem möchten Sie ganz neu Kontakt aufnehmen? Welche Kontaktmöglichkeiten/Gesprächsgründe gibt es?
- Was würden Sie einer Kollegin in einer ähnlichen Situation empfehlen, wie könnte sie vorgehen?
- Bis wann wollen Sie die Beziehung verbessert haben?
- Woran erkennen Sie, dass Sie ein Ziel erreicht haben?

Verschiedene Typen von Verbündeten

Behalten Sie strategische Dinge im Auge und halten Sie Ausschau nach Männern, die bereit sind, mit Ihnen zu kooperieren. Überlegen Sie auch, welche Art von Verbündeten für Sie infrage kommt:

Die »Vaterfigur«

Besonders eignen sich erfahrene Männer, die bereits Karriere gemacht haben und keinen so starken Konkurrenzdruck mehr verspüren, sondern sich eine Mentorenrolle leisten können. Ein väterlicher Mentor kann für eine Frau ein guter Verbündeter sein. Seine eigene Karriere ist bereits gefestigt und als »Vaterfigur« wird er seine »Tochter« schützen und fördern. Aber er wird ihr nicht zu einer besseren Position als der eigenen verhelfen. Deshalb sollten sich Frauen zu gegebener Zeit geschickt und ohne Affront lösen und sich eine neue Position suchen – mit einem Appell an die väterliche Unterstützung und unter Zuhilfenahme seiner guten Beziehungen zu anderen Old Boys. Wenn Sie nicht wissen, wie Sie Ihren väterlichen Mentor für Ihre Entwicklungspläne in eigener Sache ins Boot bekommen, hilft ein Coaching.

Kollegen

Kollegen, mit denen man Gedanken, Ideen und Pläne auf informeller Ebene austauscht, können natürlich Verbündete sein. Mit ihnen lässt sich gut darüber diskutieren, für wen bei neuen Themen wo die Vorteile liegen. Aber man sollte darauf achten, dass die Kollegen, die man als Verbündete sucht, nicht in direkter Konkurrenz zu einem stehen. Und man sollte nicht zu vertraulich, zu persönlich werden. Personalexperte Friederichs gibt zu bedenken, dass es Frauen gibt, die von der Beziehungspflege so begeistert sind, dass es zu reinem Entertainment wird. Etwas, das Männer irritiere, so Friederichs. Schließlich wolle man sich auf einem professionellen Level begegnen und sich nicht wie auf einer Party fühlen.

Frauen

Es lohnt sich sehr, auch unter Frauen persönliche Verbündete zu suchen. Gerade bei Frauen, die in Netzwerken organisiert sind, ist die Bereitschaft groß, sich gegenseitig zu unterstützen und sich persönlich auszutauschen. Jana Meissner, Führungskraft im Vertrieb eines Automobilkonzerns, trifft sich häufig mit Frauen zum Mittagessen, die sie von der gemeinsamen Arbeit beim internen Frauennetzwerk kennt: »Das macht mehr Spaß als mit männlichen Kollegen, weil mit Frauen das Gespräch viel persönlicher ist.« Das stimmt, beinhaltet aber auch eine Gefahr: Frauen sollten bei der Suche nach Verbündeten nicht unreflektiert in die Freundschaftsfalle tappen und ein zu enges Verhältnis etablieren. Sonst geraten sie leicht in innere Konflikte, wenn es später unterschiedliche Auffassungen zu Inhalten, Ideen oder Vorgehensweisen gibt.

Frauen gelten zwar als kommunikativer als Männer, doch diese Fähigkeit setzen sie zu wenig ein, wenn es um ihr berufliches Vorankommen geht. Sie verschenken durch mangelnde Netzwerkpflege jede Menge Potenzial. Das geht aus einer Analyse des Business-Netzwerks XING hervor, das die sozialen Verbindungen der rund elf Millionen Mitglieder anonym auswertete und qualitative Interviews mit Headhuntern führte. Wenn Headhunter Kandidaten, darunter auch häufig Selbstständige, fragen, ob sie andere Kollegen empfehlen könnten, antworten Frauen sehr vorsichtig, während Männer häufig ihre Kollegen ins Spiel bringen. »90 Prozent aller Empfehlungen für andere Kandidaten kommen von Männern«, schildert ein Recruiter, »Frauen hingegen meinen oft, niemand Geeignetes zu kennen.« Die Befragten stimmen überein, dass Männer viel eher berufliche Netzwerke bilden, um einander zu unterstützen. Frauen sollten sich jedoch deutlich machen, dass es nicht darum geht, dass ihre Empfehlungen zu 100 Prozent passen müssen. Frauen sollten also die Hürde, wen sie unterstützen oder von wem sie unterstützt werden möchten, nicht zu hoch hängen.

Kontakt herstellen und pflegen

Wie bringt man den anderen dazu, mit einem kooperieren zu wollen? Sympathie und Vertrauen sind auf jeden Fall wichtige Grundlagen. Beides, so Wirtschaftspsychologe Wottawa, wird wesentlich bestimmt durch Ähnlichkeit. Aber wie kann eine Frau einem Mann ähnlich werden? Die Suche nach Verbindendem spielt bereits eine große Rolle, um Kontakt zu Old Boys zu pflegen. Wenn man nach Verbündeten Ausschau hält, ist es natürlich noch wichtiger, die Gemeinsamkeiten herauszustreichen. Suchen Sie sie auf folgenden Ebenen:

- Normen und Werte
- Persönlichkeitsmerkmale
- Bewertungssysteme
- gemeinsame Interessen
- gemeinsame Ziele
- interessante Visionen

Die Art, Kontakte herzustellen und zu pflegen, wird, je nachdem, wie weit Sie in der Organisation von Ihrem potenziellen Verbündeten entfernt sind, jeweils unterschiedlich ausfallen. Das sind die wichtigsten Wege:

Themen

Nicht alle möglichen interessanten Verbündeten werden für Sie auch realistischerweise erreichbar sein – einfach, weil sie in der Hierarchie zu weit weg sind. Überlegen Sie, welche Themengebiete für diese Personen spannend sind, sodass Sie eventuell über diese Themen einen Kontakt knüpfen können. So können Sie zum Beispiel aktiv nach firmenrelevanten Themen suchen, die zwischen Ihnen und Ihrem potenziellen Verbündeten eine gemeinsame Basis schaffen können. Eine Managerin in der Pharmaindustrie informierte den neuen Geschäftsführer ihres Unternehmens über diese Themen per Mail, »damit er meinen Namen schon mal mitbekommt«.

Mit Vorteilen überzeugen

Gerade wenn man besondere Aufgaben lösen muss, bestimmte Entscheidungen in die Wege leiten oder seinen Job wechseln möchte, sind Verbündete besonders wichtig. Eine Abteilungsleiterin, die an einem wissenschaftlichen Institut arbeitete, hatte große Sorge, dass ihr Chef, der sie sehr gefördert hatte, verärgert sein könnte, weil sie zu einem anderen Institut wechseln wollte. Im Coaching erarbeitete sie eine Strategie, den Vorgesetzten in den Wechsel einzubinden und die Vorteile für ihn herauszuarbeiten, zum Beispiel eine mögliche engere Zusammenarbeit der Institute. Genau das ist inzwischen geschehen, sodass alle Beteiligten profitiert haben und die Unterstützung durch den Exchef auch in Zukunft vorhanden ist.

Andere einbeziehen

Gute Erfahrungen hat Susanne Freilinger, Vertriebsexpertin bei einem Konsumgüterhersteller, damit gemacht, Kollegen anderer Abteilungen in Prozesse mit einzubinden. Auf diese Weise hat sie starke Verbündete im Bereich Marketing gefunden. Ihre Strategie: Sie nimmt einzelne Marketingproduktmanager zu ihren Terminen mit und lässt sie beim Kunden ihr Produkt präsentieren. Die Marketingmanager freuen sich, dass sie ihr Produkt vorstellen können, und Susanne Freilinger weiß, dass der Kunde so das Maximum an Informationen erhält – und die Marketingmanager sind ihre Verbündeten, weil sie in den Prozess einbezogen sind und mit ihrer Arbeit gewürdigt werden. Früher wäre diese Vorgehensweise undenkbar gewesen, aber Susanne Freilinger hat die Spielregeln geändert und damit Erfolg.

Projekte/Workshops/Tagungen

Telekommunikationsprofi Katja Mohrhusen setzt auf persönliche Kontakte und nimmt an möglichst vielen übergreifenden Projekten und Workshops teil, etwa zu »Work-Life-Balance« oder »Strategieplanung«. Dort trifft sie nicht nur Kollegen aus der Personalabteilung, sondern auch Mitarbeiter aus den Bereichen Sales oder Entwicklung. Diese Workshops dauern oft einen ganzen Tag, da geht man natürlich auch gemeinsam zum Mittagessen und steht bei der Kaffeepause zusammen. Katja Mohrhusen nimmt lieber mehr als weniger solcher Termine wahr, weil es ihr Spaß macht – und aus strategischen Gründen.

Wer meint, für solche Veranstaltungen und zusätzliche Termine keine Zeit zu haben, sollte die eigene Definition von qualitativ hochwertiger Arbeit überprüfen. Viele Frauen übersehen, dass es nicht nur darum geht, Menschen persönlich kennenzulernen, um im Fall des Falles jemand zu kennen, der einem wieder einen Job vermitteln könnte. Nein, es geht auch um die Fülle von Informationen, Einschätzungen der Lage durch andere, Klatsch und Tratsch – wer verlässt das Unternehmen, wer kommt –, lauter Dinge, die sowohl für die strategische Ausrichtung der eigenen Position als auch als Hintergrundwissen wichtig sind. Frauen unterschätzen oft die Sach- und Informationsebene und wie wertvoll diese Art von Informationen ist, die sie vor allem über solch persönliche Kontakte erhalten.

Sich als »Neue« vorstellen

Vertriebsmanagerin Jana Meissner baut vor allem dann gezielt Kontakte zu potenziellen Verbündeten auf, wenn sie eine neue Aufgabe übernimmt. Sie überlegt sich, wer Kompetenz- und Entscheidungsträger ist, und bittet um einen Termin: »Sie sind so kompetent in diesem Thema, darüber würde ich mich gern mit Ihnen unterhalten.« Diese Bitte ist ihr noch nie abgeschlagen worden. Kein Wunder: Wer ist nicht geschmeichelt, wenn jemand ihn als kompetent ansieht? Das ist eine gute Basis für weitere persönliche Kontakte. Und außerdem profitiert man natürlich auch inhaltlich vom Wissen der anderen Person.

»Bin sowieso in Ihrer Stadt«

Wenn Sie in einem Unternehmen mit mehreren, womöglich auch internationalen Standorten arbeiten, nutzen Sie jede Gelegenheit, Verbündete vor Ort kennenzulernen. Machen Sie dafür Eventmarketing in eigener Sache: Vielleicht haben Sie bei einer Geschäftsreise noch etwas Zeit zwischen zwei Terminen oder Sie nehmen einen Flieger oder Zug früher und treffen sich zum Frühstück oder bleiben gegen Abend etwas länger. Oder Sie nutzen den privaten Städtetrip dazu, schon Freitagmittag anzureisen und noch einen Termin für Freitagnachmittag zu vereinbaren. Auf diese Weise haben Sie gute Chancen, auch Termine mit Menschen zu erhalten, die sonst sehr restriktiv mit ihrer Zeit umgehen. Der Grund: Das Angebot zum Treffen hat einmaligen Eventcharakter. Ihr Gesprächspartner weiß: Ist die Gelegenheit erst einmal verpasst, ist nicht klar, wann Sie wieder einmal »zufällig« in der Stadt zu Besuch sind.

Der Klassiker: Kaffee oder Mittagessen

Verabreden Sie sich auf einen Kaffee oder zum Mittagessen. Ganz unverbindlich, Sie können es wiederholen, wenn es Ihnen beiden gut gefallen hat, oder Sie lassen es ohne Gesichtsverlust bei der einmaligen Verabredung. Immerhin können Sie sich dann versichern, wie gut es doch ist, dass Sie sich einmal persönlich kennengelernt haben. Und dass Männer eine neutrale Verabredung zum Mittagessen als Date missverstehen, obwohl es im Vorfeld keinen Flirt gab, ist zumindest in Deutschland unwahrscheinlich. Meist merkt man ja im Vorfeld, ob jemand erotisch an einem interessiert ist. In solchen Fällen zwingt Sie ja niemand, sich gerade dann zum Mittagessen zu verabreden. Wenn ein entsprechender Lunchtermin unumgänglich erscheint, können Sie immer noch versuchen, die Runde mit ein paar Teamkollegen zu erweitern.

Um Rat fragen

Frauen sollten sich ihrer strategischen Jobrolle bewusst und nicht zu stolz sein, andere zu loben, wenn es einen Ansatzpunkt dafür gibt, und ihren Rat einzuholen. Nach dem Motto: »Sie haben so ein sensibles Gespür für Personalentscheidungen.« Wer so angesprochen wird, wird einem nicht nur in Personalfragen auf jeden Fall weiterhelfen. Schließlich macht erst das Spielen mit verschiedenen Kommunikationsebenen die clevere Mitspielerin aus. Allerdings haben gerade Frauen, die sich im Job stark engagieren und Karriere machen, manchmal eine Art des Sich-voran-Kämpfens verinnerlicht. Es fällt ihnen schwer, auch einmal einen Schritt zurückzutreten. Sie schaffen es nicht, sich zu sagen, dass sie jetzt einfach einen bestimmten mikropolitischen Spielzug ausprobieren, ohne dass das gleich ihre gesamte Selbstachtung infrage stellt.

Wenn Sie ein ähnliches Muster bei sich feststellen, fragen Sie sich doch einmal, was passieren müsste, damit Sie bereit wären, Ihrem Kollegen Ihre Wertschätzung zu zeigen, indem Sie ihn um Rat fragen. Und überlegen Sie sich, wie Sie reagieren, wenn man Sie um Ihren Rat bittet, und wie das die Beziehung zu dem oder der Ratsuchenden verändert. Um Rat fragen heißt nicht, sich um jeden Preis einzuschmeicheln, sondern die Kompetenz und Erfahrung des anderen anzuerkennen. Das müssen Sie nicht von der Warte eines kleinen, hilflosen Mädchens tun, Sie können sehr wohl auch auf Augenhöhe um Rat fragen.

Diplomatisch agieren

Nicht verplaudern! Achten Sie darauf, sich mit Bewertungen von Firmenangelegenheiten zurückzuhalten. Gerade in größeren Unternehmen wissen Sie oft nicht, wie die internen inoffiziellen Netzwerke funktionieren. Wenn Sie keinen Überblick haben, wer mit wem enger kooperiert, kann es sehr gefährlich sein, einfach mal unbedacht die eigene Meinung über diesen und jenen Bereich oder dieses und jenes Projekt abzugeben. Schneller, als es Ihnen recht ist, könnte Ihre Sichtweise direkt bei den Beteiligten ankommen und dort auf wenig Gegenliebe stoßen. Die Abteilungsleiterin Katja Mohrhusen ist hier ganz diszipliniert: »Wenn ich mit dem Vorstand spreche, bin ich ganz konzentriert auf meine Themen und erlaube mir keine Plauderei.« Der Grund: »Die Gefahr, dass ich etwas sage, von dem ich keine Ahnung habe, ist viel zu groß. Und wenn ich meine Einschätzung zu irgendetwas verkünde, weiß ich nicht, wie der andere das einschätzt. Vielleicht äußere ich mich negativ über ein Projekt, das vielleicht zu den Lieblingsprojekten des Vorstands gehört, wovon ich aber nichts weiß.«

Ein übertriebener moralischer Anspruch, immer völlig ehrlich zu sein, überlagert bei Frauen oft das Bewusstsein, dass sie im Job immer eine strategische Rolle spielen. Dabei muss das der Grundgedanke sein, denn das Spiel funktioniert auf der Basis eines Systems, in dem Macht und Hierarchie Schlüsselbegriffe sind. Alle Fragen, Abläufe und Vorgänge müssen immer in diesem Kontext gesehen werden. Wenn zum Beispiel eine Mitarbeiterin von ihrer Chefin gefragt wird: »Findest du auch, dass ich meine Leute unterdrücke?«, so ist ein klares »Ja« zwar eine sehr ehrliche, aber gleichzeitig auch eine nicht besonders smarte und weiterführende Antwort. Besser ist, sich nicht festzulegen: »Das ist eine interessante Frage, das kann ich jetzt gar nicht beurteilen.« Oder, was auch ehrlich ist, zu antworten: »Das kann ich gar nicht beurteilen, ich kann dir nur sagen, wie ich's empfinde.«

»Frauen wundern sich oft, dass Männer Konflikte nicht konfrontativ angehen, wenn es darum geht, Beziehungen zu regeln. Stattdessen ziehen es Männer vor, die Sachebene zu besprechen«, hat die Trainerin Maria Hof-Glatz festgestellt. Dabei liege der Grund dafür auf der Hand: Man wisse ja nie, ob die Konfliktperson einmal in die Machtposition gerät. Das erklärt auch, warum Männer wesentlich weniger direkt kommunizieren. Auch Frauen, die schon länger herausragende Führungspositionen haben, fragen sich dann immer wieder: »Was meint er denn jetzt bloß wieder?«

Sie haben eine tolle Idee – zum Beispiel, wie man die Reisekostenabrechnung in Ihrer Firma verbessern kann oder dass ein spezielles Datenverwaltungsprogramm doch viel sinnvoller für die Abläufe wäre. Verraten Sie sie nicht sofort. Jedes Unternehmen hat eine eigene Kultur und damit auch eine mehr oder weniger offene Art der Kommunikation. Werden Sie sich zunächst darüber klar, wie offen in Ihrer Firma neue Vorschläge gemacht werden. Checken Sie, ob heimliche Botschaften dagegen sprechen, dieses Thema anzuschneiden. Denn wenn Ihnen die Idee kommt, haben sie vielleicht auch andere Kollegen bereits gehabt, aber bisher nichts gesagt. Vielleicht gibt es dafür gute Gründe, etwa dass die Vorgesetzten auf keinen Fall wollen, dass in dieser Hinsicht etwas geändert wird.

Beobachten Sie Ihre Umgebung. Wie wird allgemein mit Veränderungsvorschlägen umgegangen? Hat Ihnen schon einmal jemand beiläufig so etwas gesagt wie »Ach, beim Thema ›Reisekosten‹, da wird sich nie was ändern …«? Überlegen Sie sich, ob es taktisch klug ist, den Vorschlag tatsächlich zu bringen. Wenn er einmal auf dem Tisch liegt und wichtige Personen sich darüber ärgern, dass das Thema überhaupt zur Sprache kommt, haben Sie möglicherweise wichtige potenzielle Verbündete vergrault, ohne es zu wollen. Was tun? Nie wieder etwas sagen? Natürlich nicht, aber vorher genau darüber nachdenken, ob es Sinn macht oder nicht.

Die Vertriebsverantwortliche Freilinger hat es nach und nach geschafft, viele Dinge zu verändern, von denen es vorher hieß, dass daran nicht gerüttelt werden dürfe. Heute sind die neuen Abläufe, etwa dass die Produktmanager die Vertriebskollegen zum Kunden begleiten und selbst ihr Produkt vorstellen, Teil ihrer persönlichen Erfolgsstrategie.

7. Fleiß allein gilt im Job nicht viel

Schon in der Schule sind Mädchen oft die Fleißigeren mit den besseren Leistungen. Eine sinnvolle Strategie, die ihnen gute Noten und Studienplätze einbringt. Komplexer wird es in der Arbeitswelt. Gute Leistung zählt auch hier – allerdings muss sie meist nicht sehr gut oder außergewöhnlich sein. Und anders als für schulischen Erfolg und auch um ein Studium gut abzuschließen, ist es im Job nötig, sich in einer Dominanzhierarchie durchzusetzen. Das übersehen immer noch viele Frauen, die ihr berufliches Selbstwertgefühl vor allem mit Leistung verbinden.

Deshalb argumentieren auch immer noch Frauen gegen eine Quotenregelung in der Wirtschaft (allerdings sind es schon erheblich weniger als noch vor ein paar Jahren). Ein »fleißiges Lieschen« muss natürlich gegen die Quote sein, da es sich die Argumentation vieler Männer zu eigen macht, dass dann Frauen befördert würden, die gar nicht qualifiziert genug seien. Was nicht stimmt, da bei der Quote immer darauf geachtet wird, dass sie auf gleich qualifizierte Bewerber angewandt wird. Aber nichts ist schlimmer, als wenn man den Frauen ihre Leistung absprechen möchte und sie als Quotenfrau bezeichnen würde. In den 1980er-Jahren war »Karrierefrau« das Schimpfwort, heute ist es die »Quotenfrau«. Es fehlt die Haltung »So what?«. Selbstbewusste Frauen könnten sich sehr wohl auf den Standpunkt stellen: »Ja, ich bin eine Quotenfrau, und ich weiß, was ich kann und leiste.« Einige tun das auch inzwischen, und in den nächsten Jahren werden es sicher mehr. Interessant ist auch die Frage, ob die rund 97 Prozent Männer, die heute in den deutschen Vorstandsetagen zu finden sind, tatsächlich ausschließlich wegen ihrer Leistungen dort sitzen.

Im Beruf hat gute Leistung vor allem die Funktion einer Eintrittskarte. Spätestens seit George Orwells *Animal Farm* wissen wir: Alle Tiere sind gleich, und manche Tiere sind gleicher. Das eigentliche Spiel um einen guten Platz in der Rangordnung beginnt dann, wenn es Positionen zu erringen gibt. Vielen Männern, die genau wissen, welche Arbeiten sie nicht an die Spitze bringen, hilft ein Phänomen: Meist ist das fleißige Lieschen schon da, um ihnen genau diese Arbeiten abzunehmen – in der Hoffnung, dass die zuverlässige Erledigung möglichst vieler solcher Aufgaben ihnen das entsprechende Ansehen bringt.

Der Wirtschaftspsychologe Heinrich Wottawa hat in seiner Langzeitstudie zu Leistungspotenzialen von Hochschulabsolventinnen verschiedener Fachrichtungen folgende Unterschiede zu männlichen Hochschulabsolventen herausgefunden. Die Frauen sind

- zuverlässiger (54 zu 45 Prozent),
- legen mehr Wert auf Selbstmanagement (53 zu 46 Prozent),
- streben nach sozialer Akzeptanz (51 zu 42 Prozent),
- vermeiden Misserfolge (59 zu 45 Prozent).

Doch Fleißkärtchen befördern keine Karriere. Für Aufgaben mit mehr Verantwortung – meist im Hierarchiesystem weiter oben angesiedelt – empfehlen Sie sich nicht dadurch, dass Sie noch mehr leisten, sondern dass Sie deutlich machen, dass sie die Richtige für den Job sind.

Klebriger Boden

Wenn Frauen trotz guter Leistungen nicht aufsteigen, versuchen sie, nach dem Prinzip »Mehr desselben« noch mehr zu leisten. Das kennen Sie? Dann machen Sie sich klar, dass das diverse Folgen haben kann, aber in der Regel nicht die gewünschten. Die

Arbeit wird noch anstrengender, und da meist eine Beförderung ausbleibt, auch frustrierender. Und: Wer sich durch Leistung beweisen muss, anstatt Ansprüche anzumelden, hat automatisch einen niedrigen Status. Außerdem wird der Aufstieg unwahrscheinlicher, da Ihnen so noch weniger Zeit bleibt, um einen mikropolitischen Blick zu entwickeln und Dinge zu tun, mit denen Sie sich strategisch gut für Ihren Aufstieg positionieren und ihn selbst befördern können.

Annalisa Casini, Sozialpsychologin an der Freien Universität Brüssel, führt die Hyperspezialisierung von Frauen als einen Faktor dafür an, in der eigenen Stelle unabkömmlich zu werden und schwerer an anderer Stelle einsetzbar zu sein. Sie spricht in Analogie zur »gläsernen Decke« vom »klebrigen Boden«.

Wichtige Rollen in der Dominanzhierarchie

Unter Männern ist unbewusst klar, dass es im Job-Spiel verschiedene Rollen gibt: den formalen Leiter, den informellen Leiter, den Experten oder denjenigen, der für die Klimapflege zuständig ist. Männer trachten danach, auf der Hierarchieleiter eine möglichst hohe Position als formeller oder informeller Leiter einzunehmen. Die Rolle des »fleißigen Lieschens« ist für sie kein Thema. Männer weisen kaum je darauf hin, wie hart und fleißig sie für etwas arbeiten mussten. Sie sprechen von Projekten, die sie geleitet haben, von Sachthemen, bei denen sie gut Bescheid wissen, oder vom letzten internationalen Kongress, auf den sie eingeladen waren.

Wenn Sie dagegen die Rolle des »fleißigen Lieschens« annehmen, dann vermitteln Sie, dass Sie damit zufrieden sind, sich abzurackern und keine weiteren Ziele zu haben. Eine Rolle, die in einer von Männern geprägten Arbeitswelt, in der die meisten weiterkommen wollen und in der sie andere respektieren, die das auch wollen, nicht sehr angesehen ist. Im Gegenteil, man ist froh, wenn eine solche Person im Team ist, der man immer noch etwas und noch etwas aufladen kann und die sich nicht oder nicht sehr wirkungsvoll dagegen wehrt. Das »fleißige Lieschen« läuft Gefahr, der »Depp vom Dienst« zu werden. Sie können es innerlich noch so sehr ablehnen, im Job eine strategische Rolle spielen zu wollen, und darauf pochen, dass Ihnen die Inhalte wichtig sind. Das ändert nichts daran, dass Sie immer eine Rolle spielen – und dann ist es eben die des »fleißigen Lieschens«. In dieser Rolle ist es aber sehr schwer, Inhalte voranzubringen.

Abschied vom Leistungsmythos

Natürlich sollen Sie sich auch in Zukunft für Ihren Job engagieren und vernünftige Arbeit leisten. Aber positionieren Sie sich als Macherin und sprechen Sie von Ihren Erfolgen und nicht davon, was Sie alles dafür leisten mussten. Machen Sie sich bewusst, dass es typisch »Frau« ist, auf fachliche Qualifikation, Leistung und viel, viel Arbeit zu setzen, und beachten Sie das Risiko, das darin steckt. Zum einen ist die Gefahr dabei, dass auf einer anderen Ebene die Rolle des »fleißigen Lieschens« der klassischen Hausfrauenrolle entspricht – bei der die Frau ständig arbeitet, immer etwas tut, sich immer um etwas zu kümmern hat. Außer in Lippenbekenntnissen und für die eigene Bequemlichkeit wird diese Rolle von Männern selten wirklich wertgeschätzt. Zum anderen laufen Sie als Frau am Arbeitsplatz in dieser Rolle Gefahr, noch zusätzliche Aufgaben aufgepackt zu bekommen – manchmal sogar die der eigenen Mitarbeiter.

Eine weibliche Führungskraft bei einem Weiterbildungsunternehmen fühlte sich immer verantwortlich, für ihre Mitarbeiter alles zu machen. Sie dachte, dass sei ihre Aufgabe. Erst ihre Mentorin brachte ihr bei, dass die Mitarbeiter mündige Menschen sind, die sie erst einmal fragen sollte: »Was möchtest du jetzt von mir?« Bei vielen Frauen ist das »Assistenzkraftsyndrom«, wie Wirtschaftspsychologe Wottawa es nennt, tief verankert. Sie folgen ihrer Gewohnheit, sich für andere Personen und für die Sache einzusetzen, und machen sich sofort an die Erledigung neuer Fleißaufgaben – ohne zu überlegen, ob sie sie überhaupt annehmen wollen oder nicht. Deshalb: Reagieren Sie nicht sofort, sondern trainieren Sie, in solchen Situationen innezuhalten und zu überlegen, was Sie konkret tun wollen.

Die IT-Spezialistin Lara Keitel, Abteilungsleiterin in einem internationalen Software-Unternehmen bekam ständig Anrufe von Kollegen aus der Vertriebsabteilung, die Telefonnummern brauchten, die sie nachschauen sollte. Das kostete sie zum einen viel Zeit und zum anderen hatte sie den Eindruck, in ihrer Position nicht respektiert zu werden – von den Kollegen nicht, aber auch nicht von ihrer eigenen Mitarbeiterin. Im Coaching setzte sie sich damit auseinander, welche Aufgaben ihrer Position zugeschrieben sind und dass Assistenztätigkeiten für andere Abteilungen definitiv nicht dazugehören. So gelang es ihr, sich abzugrenzen und die Kollegen freundlich darauf zu verweisen, dass sie sich selbst um die Pflege der Kontaktdaten potenzieller Kunden kümmern müssen.

Das klingt simpel, war aber ein Schritt, für den die äußerst zurückhaltende Lara Keitel viel Mut aufbringen musste. Geholfen hatte ihr dabei, sich die eigenen fachlichen und persönlichen Stärken zu vergegenwärtigen, um eine sichere Basis zu haben, und dann den Dialog im Rollenspiel in mehreren Durchgängen so lange zu üben, bis sie nicht mehr einknickte, sondern freundlich bei ihrer Haltung blieb.

Perfektionismus rechnet sich nicht

Frauen sollten sich einfach von der Vorstellung lösen, dass Männer ihren Perfektionsanspruch würdigen. Für Männer macht es meist einfach keinen Sinn, noch weiter an etwas herumzubosseln, wenn es doch im Großen und Ganzen längst gut genug ist. Anstatt perfekt gestaltete Detailarbeit abzuliefern, zählt für sie mehr das Wichtigsein in Bezug auf die Hierarchie. Wenn Sie sichtbarer und bedeutender werden wollen, müssen Sie sich Zeit nehmen, um sich gründlich auf wichtige Besprechungen vorzubereiten und sich gute Fragen zu überlegen, alternative Lösungsvorschläge zu erarbeiten und mit Mitstreitern über das taktische Vorgehen abzustimmen. Außerdem brauchen Sie Zeit für Positionierungstätigkeiten, zum Beispiel Beiträge für interne Workshops vorbereiten, auf Kongressen sprechen oder Artikel schreiben.

Ein Punkt, den viele fleißige, engagierte und perfektionistisch veranlagte Frauen immer wieder übersehen. Sie sind dann äußerst enttäuscht, wenn ein jüngerer Mitarbeiter, der auch noch kürzer im Unternehmen ist, plötzlich befördert wird und an ihnen vorbeizieht. Obwohl er doch längst nicht so viel Sachkompetenz hat wie sie. Anstatt den Bericht ein x-tes Mal zu überarbeiten, um die eigenen Qualitätsmaßstäbe zu erfüllen, hat es der junge Kollege vielleicht einfach besser verstanden, sich dem Chef als jemand zu präsentieren, der sich zu höheren Aufgaben berufen fühlt und der die anstehenden Probleme lösen kann.

Das eigene Image im Blick behalten

Wenn Sie die Rolle als »fleißiges Lieschen« ein Stück weit ablegen möchten, hilft es, darüber nachzudenken, was diese Rolle fürs eigene Image bedeutet.

Ulla Schilder ertappt sich noch oft dabei, dass sie als EDV-Expertin doch wieder in die Rolle des »fleißigen Lieschens« reinrutscht. »Ich höre einfach viele Dinge auf dem Appell-Ohr.« Aber sie hat ihr Verhalten schon etwas geändert. Wenn bei Konferenzen jemand – in der Regel einer der Männer – fragt: »Oh, hat mal jemand einen Stift?«, waren es immer sofort die Frauen, die aufsprangen und einen Stift suchten. Früher hat Ulla Schilder das auch gemacht, aber sie hat es sich abgewöhnt und reagiert auf die Frage nicht mehr. Ebenso versucht sie die schmutzige Kaffeeküche zu ignorieren, was nicht leicht fällt. Die Vorstellung, was die Kollegen von ihr denken, wenn sie sehen, wie sie die Küche sauber hält (und ob sie tatsächlich so von ihnen gesehen werden will), hilft ihr dabei. »Eigentlich finde ich's blöd, so aufs Image zu achten, aber ich schade mir sonst mehr«, sagt sie. Schließlich will sie lieber als diejenige gesehen werden, die wieder einmal ein wichtiges Projekt übernimmt und nach vorne bringt, als diejenige, der man den tadellosen Zustand der Kaffeeküche verdankt.

Sich von der Rolle als »fleißiges Lieschen« zu verabschieden, ist möglich, wird aber nicht von heute auf morgen klappen. Und vielleicht wollen Sie ja auch einen Teil der Rolle behalten? Haben Sie Geduld mit sich, wenn Sie zwischendurch doch mal wieder Ja sagen. Das Job-Spiel bietet immer wieder neue Möglichkeiten zu agieren, und dann klappt es vielleicht beim nächsten Mal, nach der Devise »Neues Spiel, neues Glück«.

Die Rolle »fleißiges Lieschen« ablegen

Diese fünf Schritte helfen dabei, wenn Sie sich in Zukunft stärker als ambitionierte Macherin positionieren möchten:

Erster Schritt: Erkennen

Erkennen Sie, ob Sie in Ihrer Abteilung, Ihrem Team die Rolle des »fleißigen Lieschens« einnehmen. Sagen Sie immer »Ja«, wenn Ihr Chef mit noch einer Zusatzaufgabe kommt? Schreiben Sie regelmäßig das Protokoll bei Besprechungen? Fangen Sie sofort an, im Internet zu surfen, wenn eine Kollegin mit einer Frage kommt und Sie ihr helfen wollen, eine Antwort zu finden? Sind Sie diejenige, die immer das Geld für den Blumenstrauß für den Geburtstag der Chefin einsammelt?

Zweiter Schritt: Analysieren

Verschaffen Sie sich einen Überblick über Ihr Arbeitsvolumen und analysieren Sie Ihre Situation mithilfe dieser Leitfragen:

- Was müssen Sie in Ihrem Job leisten?
- Was ist realistischerweise machbar, was nicht?
- Welche Tätigkeiten müssen Sie machen?
- Welche Tätigkeiten wollen Sie machen – auch um sich zu profilieren?
- Wann sind Sie einfach nur fleißig, obwohl es ganz wenig bringt?
- Inwieweit ist die Rolle des »fleißigen Lieschens« für Ihr eigenes moralisch sauberes Selbstbild nötig? Schließlich hat das »fleißige Lieschen« eine weiße Weste und konkurriert nicht direkt mit anderen um den Aufstieg.
- Wie können Sie die Rolle des »fleißigen Lieschens« durch andere Persönlichkeitsfacetten ergänzen?

Suchen Sie sich eine Mentorin, mit der Sie gut besprechen können, welche Aufgaben tatsächlich zur Position gehören und welche nicht und welchen man wie viel Zeit widmen sollte. Mit einer Mentorin können Sie sich auch darüber austauschen, wie Sie damit umgehen können, mit dem Zurückfahren der Rolle »fleißiges Lieschen« eventuell auch ein Stück Beliebtheit im Team aufzugeben.

Dritter Schritt: Von Aufgaben trennen

Denken Sie konsequent darüber nach, welche Arbeiten jemand anders im Team übernehmen kann. Wenn bereits alle anderen unter Arbeitsüberlastung leiden, versuchen Sie einen Praktikanten oder eine Praktikantin zu erhalten, der/die Ihnen zumindest einige Aufgaben abnimmt. So können Sie auch gleich üben zu delegieren. Wenn Sie keine Unterstützung erhalten: Vielleicht gibt es auch Arbeiten, die gar nicht gemacht werden müssen? Zum Beispiel, weil es reicht, die Dinge 100-prozentig zu erledigen, und 150 Prozent Leistung gar nicht nötig sind? Denken Sie einmal darüber nach, ob das, was über 100 Prozent hinausgeht, überhaupt noch messbar ist. Und verabschieden Sie sich von dem Selbstbild, dass Sie nur in Ordnung sind, wenn Sie alles perfekt machen.

Vierter Schritt: Ändern

Wenn Sie beschlossen haben, sich in diesem Punkt zu ändern, denken Sie über die folgenden Fragen nach:

- Überlegen Sie, wie viel »fleißiges Lieschen« Sie behalten wollen, wie viel Sie ablegen wollen.
- Wie soll Ihr neues Selbstbild aussehen?
- Wie heißt die neue Rolle, haben Sie einen schönen Namen dafür?
- Welche Ressourcen brauchen Sie, was hilft Ihnen bei diesem Wandel?

Wenn diese Fragen allein schwer zu klären sind, lohnt es sich oft, im Coaching nach einem gangbaren Weg zu suchen. Vielleicht gibt es innere Hürden, die dafür verantwortlich sind, dass Sie das Selbstbild »fleißiges Lieschen« nicht aufgeben möchten. Vielleicht weil jemand sagen könnte, Sie seien ja nur noch an Ihrer Karriere interessiert? Oder würden Ihre Ellenbogen einsetzen? Männer, die sich selbst bewusst oder unbewusst als Teil einer Dominanzhierarchie sehen, sind durch solche Kritik nicht so leicht zu treffen. Hauptsache, sie haben sich in der Rangordnung gut positioniert. Anders sieht es für weibliche Mitglieder einer Geltungshierarchie aus, die keinesfalls die soziale Zustimmung verspielen möchten.

Die Geltungshierarchie ist weiterhin eine berufliche Falle für das »fleißige Lieschen«. Davon machen sich noch viele Frauen abhängig. Hier gibt es kein Patentrezept. Finden Sie Ihre persönliche Antwort darauf, wie Sie einen ordentlichen und guten Job machen können, ohne in einen »Fleißiges-Lieschen-Burn-out« zu geraten. Und wie Sie es positiv in Ihr Selbstbild einbauen können, jemand zu sein, der trotz großen Engagements fürs Team und für die Sache fähig ist, über den eigenen Tellerrand hinauszuschauen und die eigene Zeitplanung so zu managen, dass Zeit bleibt, die strategische Job-Rolle zu pflegen. Vielleicht hilft es in Bezug auf das Thema »Geltung« auch, den Fokus gezielt ins Privatleben zu richten: Ist es nicht wichtiger, dass Sie bei Ihrer Familie und Ihren Freunden beliebt sind als im Job? Denn es gilt: Wenn Sie beruflich etwas zu sagen haben wollen, müssen Sie in der Dominanzhierarchie punkten.

Einer der wichtigsten Punkte, um die Rolle »fleißiges Lieschen« ein Stück weit abzustreifen, besteht darin, Nein sagen zu können. In vielen Workshops und Gruppencoachings stelle ich immer wieder fest, wie schwer es Frauen fällt, Nein zu sagen. Oft ist das eine Sache der Übung. Frauen ist es so unangenehm, Nein zu sagen, dass sie dieses Wort am liebsten gar nicht aussprechen. So interpretiert der andere die (Nicht-)Reaktion leicht als »Ja«. Bei Rollenspielen zeigt sich, dass Frauen, wenn sie sich gut vorbereiten und sich vorher die Berechtigung ihrer eigenen Position klarmachen, es dann auch schaffen, ihr Nein rüberzubringen, und sei es im zweiten oder dritten Anlauf.

Die Leiterin eines Teams von technischen Dokumentaren wusste nicht, was sie tun sollte, um nicht immer wieder neue Aufgaben von Kollegen anzunehmen, die immer nur mal »ganz kurz« in ihr Zimmer schauten. Im Rollenspiel beim Gruppencoaching entwickelte sie nicht nur Formulierungen, um sich verbal abzugrenzen, sondern auch eine Handbewegung, die als Stoppsignal zeigte: »Ich sitze hier an meinen Aufgaben.« Allein die Vorstellung des Stoppsignals vor ihrem geistigen Auge half ihr, bei den nächsten Störungen souverän zu bleiben und nicht automatisch neue Aufgaben anzunehmen.

Fünfter Schritt: Erfolge feiern

Bei Verhaltensänderungen ist auch das Cheerleading in eigener Sache wichtig. Ziehen Sie regelmäßig Bilanz. Was haben Sie erreicht? Wo sind Sie sichtbar geworden? Und dann feiern Sie das zum Beispiel mit einem schönen Essen mit Ihrem Partner oder einer Freundin, bei dem Sie darauf anstoßen.

8. Gesichtsverlust ist gefährlich

»Ehrlichkeit«, »Offenheit« und »Geradlinigkeit« sind Werte, die vielen Menschen wichtig und für die moderne Führung wünschenswert sind und auch in Unternehmensleitbildern auftauchen. Doch wie werden diese Werte von der männlichen Mehrheit im Firmenalltag gelebt? Wie ich in vielen meiner Workshops erlebe, haben Frauen, auch wenn sie sonst sehr feinfühlig sind und bis in die letzte Verästelung mutmaßen, was der andere denken könnte, oft gar kein Gespür dafür, wie ihre direkte Kommunikation beim männlichen Gegenüber ankommt. Was schlicht und einfach daran liegt, dass sie davon ausgehen, dass das männliche Gegenüber genauso tickt wie sie selbst. Sie kommen nicht auf die Idee, dass das nicht so sein könnte.

Bettina Wündrich, ehemalige Chefredakteurin von *Glamour, Vogue Business* und *Emotion*, berichtet in ihrem Buch *Einsame Spitze?* von einer Managementtagung, bei der sie im Plenum Kritik an der verlangten Vorgehensweise äußerte und dann vom Redner öffentlich verbal abgewatscht wurde. Einzelne männliche Kollegen gaben ihr in der Kaffeepause zwar recht, hielten sich aber sonst mit Äußerungen zurück. Wenn Macht und Hierarchie das zentrale Bezugssystem darstellen, dann empfindet ein Mann Kritik zwangsläufig als Infragestellen seiner Position in der Rangordnung. Und dagegen muss er sich mit aller Macht wehren, wenn er seine Stellung behalten will. Frauen wollen auf der öffentlichen Bühne einer Tagung oder Besprechung Sachfragen verhandeln, Männer verhandeln immer auch Machtfragen – und vermuten eine Kampfansage, wo Frauen nur sachliche Klärung wollen. Das gilt im Übrigen auch für Vieraugengespräche.

Deshalb fühlte sich die Bereichsleiterin Maria Freiberg auch irgendwann am Ende der Karriereleiter angekommen:

»Ich dachte mir, Managing Director kann ich noch werden, aber weiter geht es nicht. Ich war dann doch zu undiplomatisch und hätte für einen Konzernerfolg mehr Anpassungsfähigkeit zeigen müssen. Ich bin immer schnell jemandem auf den Fuß getreten, weil ich gern die Wahrheit sage, alles sehr direkt. Das ist bis heute so geblieben, obwohl ich an mir arbeite.« Heute ist sie freiberuflich tätig und zum Abschied hat ihr der Geschäftsführer auch noch einmal bestätigt, dass sie sich nicht gut ins diplomatische Geflecht einordnen konnte und dass die Selbstständigkeit wahrscheinlich der bessere Weg für sie sei.

In ein paar Jahren wird man Frauen wie Maria Freiberg nicht mehr so leicht aus den Unternehmen ziehen lassen, sondern sich Gedanken machen, wie eine offene Firmenkultur mit direkter Kommunikation verstärkt gelebt werden kann – um gut zu führen, aber auch, um für weibliche Führungskräfte attraktiv zu sein. In der Zwischenzeit gilt es auch hier für Frauen, sich mikropolitisch schlau zu verhalten und nicht aus Versehen eine Kampfansage zu machen, sondern nur dann, wenn sie auch tatsächlich kämpfen wollen.

Männliche Helden

Anna Böhme, Geschäftsführerin einer mittelständischen Medienberatung, hat das inzwischen gelernt. Sie sagt von sich selbst: »Früher war ich eine Kratzbürste, weil ich alles ausgesprochen habe. Zum Beispiel, wenn ich es unfair fand, dass mein Chef die Leistung eines Teammitglieds entwertete. Heute folge ich dem Motto: ›Wenn es wichtig ist, wird es sich zeigen.‹ Und dann mache ich auch den Mund auf. Ich musste lernen, nicht gleich alles auszusprechen. Jetzt warte ich ab, und wenn die Zeit reif ist, spielt einem vieles in die Hände. Ich nutze meine Intuition, um zum richtigen Zeitpunkt das Büro des Gesprächspartners aufzusuchen. Heute frage ich zum Beispiel die Gesellschafter in Einzelgesprächen: ›Wie sehen Sie das?‹ Damit haben die Männer die Chance, mir zu helfen. Ich sehe es mittlerweile so: Männer wollen gegenüber Frauen nun einmal Helden sein. Das anzunehmen geht auch, ohne dass ich mich dabei klein mache.«

Getreu des Prinzips »Ratschläge sind auch Schläge« sind Männer für sich selbst meist nur dann offen für Hilfestellung, wenn sie ausdrücklich um Rat fragen – ansonsten empfinden sie den gut gemeinten Ratschlag als Kritik. Die Logik dahinter: Wenn Autonomie und Kompetenz das männliche Selbstbild bestimmen, muss ein Ratschlag das Unterstellen von Inkompetenz und damit einen »Angriff« bedeuten.

Gesichtsverlust macht Vorgesetzte und Kollegen zu Gegnern

»Signalisieren Sie nie, dass Ihr Gegenüber sich irrt – weder ausdrücklich noch indirekt durch Ihren Tonfall«, warnt Karriereexperte Jürgen Lürssen. Besonders gefährlich seien solche Situationen, in denen Sie fest davon überzeugt sind, Sie wüssten besser Bescheid und hätten die besseren Argumente. Der Grund: Dadurch werde man leicht übereifrig und ungeduldig. Und wenn man dem anderen erst einmal gesagt hat, dass er etwas ganz falsch sieht, hat man ihn schon gegen sich aufgebracht.

Das merkte eine Sachbearbeiterin in einem Medienunternehmen schmerzlich. Sie hatte sich zur Betriebsrätin wählen lassen und bekam plötzlich bei ihrem Vorgesetzten keinen Fuß mehr auf den Boden. Dabei war sie so stolz darauf gewesen, dass sie ihrem Vorgesetzten nachweisen konnte, dass er einen Kollegen falsch eingestuft und ihm zu wenig Gehalt bezahlt hatte. Dass ihr Chef sie anschließend von wichtigen Infos ausschloss und sie drangsalierte, konnte sie überhaupt nicht verstehen: »Wieso, ich hatte doch recht!« Das stimmt – recht hatte sie zwar, aber leider keinen Erfolg. Der Chef hatte sein Gesicht verloren und die Aufdeckung seines Fehlers als Kampfansage verstanden.

Aus Angst vor dem Positionsverlust geben Männer im Job möglichst niemals freiwillig einen Fehler zu. Und in großer Runde jemanden vor allen kritisieren, das darf nach dem männlichen Business-Code nur der »Big Boss«. Gleichzeitig ist aber klar, dass der Kritisierte damit degradiert ist.

Wenn sie einem Kollegen einen Gesichtsverlust zufügen, können sich Frauen ihn zum Feind machen. So wies eine von zwei Frauen in einer Unternehmensberatung mit rund 15 Mitarbeitern ihrem Kollegen in einer Konferenz mit allen Mitarbeitern einen Fehler nach – »natürlich ganz sachlich«. Was sie nicht versteht: dass sie plötzlich einen Gegner in der Firma hat. Der Kollege gibt ihr keine Infos mehr, er schneidet sie und kritisiert sie heftigst bei jeder sich bietenden Gelegenheit – nicht gerade gut für ihr Standing. Das bedeutet, dass Sie, wenn Sie gegen diese Spielregeln verstoßen, nicht nur nicht weiterkommen, sondern unter Umständen sogar Ihre eigene Position gefährden.

Dass Männer keine Fehler zugeben, wurde Marie Pommier in einer Besprechung mit dem stellvertretenden Chefredakteur und dem Art Director klar. Es ging um die Art der Illustration der Beiträge im Kindermagazin und es war ein Fehler gemacht worden – vom Art Director, das war allen Beteiligten unausgesprochen klar. Doch der sagte nichts dazu. Offensichtlich wollte er sich nicht selbst bloßstellen, indem er von sich aus auf den Fehler hinwies. Doch zum Erstaunen von Marie Pommier sagte auch der stellvertretende Chefredakteur nichts dazu. Anscheinend wollte er ihm, obwohl er nicht immer mit seinem Arbeitsergebnis einverstanden war, keinen Gesichtsverlust zufügen. Ein Schlüsselerlebnis für Marie Pommier, die sich zunächst nicht wirklich von der Männerriege anerkannt gefühlt hatte – sie schwieg. Von da ab fühlte sie sich bei Diskussionen, auch wenn sie inhaltlich anderer Meinung war, mit ihrem Standpunkt anerkannt und hatte es leichter, beide Kollegen zu überzeugen.

Kritik richtig vorbringen

Männern keinen Gesichtsverlust zufügen zu wollen, heißt allerdings nicht, sich so weit zurückzunehmen, die eigene Meinung gar nicht mehr zu äußern. Sie sollten dabei allerdings mikropolitisch geschickt agieren. Sie müssen Ihre Kritik nicht für sich behalten, aber Sie vergeben sich nichts, wenn Sie sie statt in großer Runde vor versammelter Mannschaft später vorsichtig bei einem Vieraugengespräch anbringen. Beachten Sie dabei, dass Ihr Chef oder Kollege auch Ihnen gegenüber nicht sein Gesicht verliert. Nutzen Sie ruhig die bewährte Sandwich-Technik: mit etwas Positivem starten, dann das Negative anbringen und mit etwas Positivem enden. Zwingen Sie Ihr Gegenüber gar nicht erst, sich verteidigen zu müssen. Personalexperte Peter Friederichs weiß: »Es gibt junge, intelligente Frauen, die ihrem Chef gerne die volle Wahrheit sagen.« Der Chef reagiert, indem er vielleicht sagt: »Sie sind zu emotional!« (Was auch eine Art der Verteidigung ist.) Dabei ist nach Friederichs oft das Gegenteil der Fall: Die Mitarbeiterin ist nicht emotional, sondern absolut sachlich und kritisiert inhaltlich richtige Tatsachen, doch dem Chef ist das peinlich, er möchte das nicht hören.

Dem Vorgesetzten Spielraum lassen

»Machen Sie mal, wie Sie meinen«, sagte der Verlagsleiter zu Sabine Braun, seiner Assistentin. »Ich kann ja nicht so gut Englisch wie Sie.« Sie nahm das wörtlich und schrieb seine Vorlagen in perfektes Englisch um, die er nur noch zu unterschreiben brauchte. Eines Tages sagte er dann vor einer größeren Runde zu ihr: »Sie meinen ja sowieso, dass Sie perfekt Englisch können.« Sabine Braun war wie vor den Kopf geschlagen, konnte aber vor der Gruppe nichts entgegnen. Was sollte das? Sie hatte immer darauf gewartet, dass der Verlagsleiter sie mal lobte und dass er es doch schätzen müsste, dass sie so gut Englisch konnte, und dass er froh sein müsste, davon profitieren zu können. Doch sie begriff: Offensichtlich fühlte er sich davon und wohl auch von ihrem Vorgehen irgendwie degradiert. Das konnte sie überhaupt nicht nachvollziehen, aber sie änderte ihre Strategie. Von da an ging sie mit einem »Entwurf« zu ihm. Sie fragte, ob er so in Ordnung sei, bevor sie ihm den fertigen Brief zur Unterschrift präsentierte.

Vorgesetzte kann man nicht ändern

Wenn Sie Ihren Chef als inkompetent empfinden und Sie sich darüber ärgern, hilft es gar nichts, ihn aus diesem Groll heraus zu kritisieren. Er wird das als Angriff empfinden, sich darüber ärgern und sich so gut wie möglich verteidigen. Sie haben damit nichts gewonnen, außer dass Sie sich moralisch auf die Schulter klopfen können, weil Sie ihm gesagt haben, dass es so nicht geht.

Spielen Sie stattdessen verschiedene Alternativen durch. Suchen Sie sich eine neue Nische. Überlegen Sie, ob Sie sich einen neuen Bereich schaffen können. Oder Sie wechseln die Abteilung. Oder das Unternehmen. Geht alles nicht? Checken Sie, welche Möglichkeiten die Situation bietet. Zum Beispiel, dass Sie sich auf Ihrer Position sehr gut weiterentwickeln können, weil Sie so viele »Chef«-Aufgaben übernommen haben. Außerdem sollten Sie überdenken, ob Sie nicht in der Falle stecken, dass Sie in Bezug auf Ihren Vorgesetzten ständig denken: »Ich bin okay, du bist nicht okay!« Wenn Sie bei sich ein solches Muster der Abwertung feststellen, ist es sinnvoll, in einem Coaching-Prozess zu erarbeiten, warum das so ist und wie Sie zu einer neuen Haltung gelangen können, sodass Sie Ihr Gegenüber zumindest als Person wertschätzen und würdigen können.

Argumentieren mit Aikido

Die frühere Chefredakteurin Ulrike Schlüter empfiehlt, sich sowohl für Verhandlungen mit Vorgesetzten als auch für Gespräche mit Kollegen oder Mitarbeitern die asiatische Kampfsportart Aikido zum Vorbild zu nehmen: »Ich greife die Energie meines Gegners auf und nutze sie für mich.« Die Grundregel dabei lautet: Wertschätzung zeigen. Damit der Gesprächspartner sein Gesicht wahren kann, empfiehlt Ulrike Schlüter folgendes Vorgehen:

- Bestätigen Sie lobend, was der andere gesagt hat: »Das ist ein sehr interessanter Vorschlag.«

- Loben Sie bei harten Verhandlungen die Vorteile dieses Vorschlags im Einzelnen.
- Sagen Sie dann vorsichtig: »Ich sehe ein ganz kleines Risiko bei dieser Art des Vorgehens.« Diese vorsichtige Aussage öffnet den anderen dafür, sich einen anderen Vorschlag anzuhören.
- Dann präsentieren Sie ganz sachlich, ohne Emotion, den Einwand, den Sie haben.
- Fragen Sie Ihren Chef, was er von Ihrem Einwand hält – ohne dass Sie selbst davon überzeugt sind, dass Sie die Wahrheit für sich gepachtet haben. Dann hat Ihr Vorgesetzter mehrere Möglichkeiten zu antworten. Beispielsweise so:
  - »Das ist ein sehr interessanter Einwand, damit müssen wir uns beschäftigen.«
  - »Da ist zwar etwas dran, aber das ist für uns nicht relevant. Damit brauchen wir uns nicht weiter zu beschäftigen.«
  - »Ihre Ansicht ist aus den und den Gründen verkehrt.«

Der Vorteil dieser Vorgehensweise liegt darin, dass der Chef immer die Möglichkeit hat, den Ratschlag beziehungsweise die Kritik zurückzuweisen. Außerdem hat er mehrere Möglichkeiten zu antworten und fühlt sich nicht in die Ecke gedrängt. Und er kann andererseits beruhigt sein, dass seine Mitarbeiterin mitdenkt. Um Gesichtsverlust zu vermeiden und männliche Chefs zu motivieren, sollten Sie ein Konzept auf der sachlichen und psychologischen Ebene vorbereiten.

Die Vorgesetzten regelmäßig informieren

Zeigen Sie Loyalität Ihren Vorgesetzten gegenüber. Bringen Sie Ihre Chefs nicht in die missliche Lage, dass Dritte mehr über Ihre Arbeit wissen als sie selbst. Das mögen übrigens auch weibliche Führungskräfte nicht besonders gern. Übergehen Sie Ihre Vorgesetzten nicht, sondern informieren Sie sie regelmäßig. Sie haben Ihren Vorgesetzten gegenüber eine »Bringschuld« – das vergessen viele Frauen.

Eigenen Gesichtsverlust vermeiden

Um zu vermeiden, dass Sie selbst das Gesicht verlieren, ist es sinnvoll, vor einer Besprechung bereits bei einigen Teilnehmern ein Stimmungsbild zu erforschen und vielleicht auch schon etwas Werbung für die eigenen Ideen zu machen. Sollte die Stimmung in Bezug auf die Punkte, die Sie ansprechen wollten, sehr negativ sein, ist es unter Umständen ratsam, das Ansprechen der kritischen Details noch einmal zu verschieben. Suchen Sie dann lieber weitere Verbündete, die Sie bei einer späteren Besprechung unterstützen.

9. Wer fragt, hat schon verloren

Damit ist nicht gemeint, dass Frauen grundsätzlich nichts fragen sollen. Es geht hier vielmehr darum, wie sie clever ihre Punkte durchbringen können, da Männer und Frauen häufig ein anderes Sprach- und Frageverhalten an den Tag legen. Väter sind eher direktiv: Sie bestimmen die Gesprächsthemen und steuern den Gesprächsverlauf. Mütter adaptieren den Sprachstil ihrer Kinder und unterhalten sich von Gleich zu Gleich. Diese beiden Sprachstile werden auch als öffentlicher und privater Sprachstil bezeichnet. Der private Sprachstil ist mit informellen Sozialbeziehungen verbunden und gewährt allen Beteiligten ein hohes Maß an Selbstbestimmung. Der öffentliche Sprachstil kommt in formalen Beziehungen zum Einsatz, in denen die Gesprächsteilnehmer wenig Raum zur Selbstbestimmung haben. Frauen und Männer beherrschen beide Redestile, Männer verwenden bei ihren Gesprächen meist nur den öffentlichen, Frauen nutzen dagegen auch im Job häufig den privaten Sprachstil. Bei ihren Gesprächen gehen sie auf die Gesprächspartner ein und sorgen für eine gute Gesprächsatmosphäre. In der Gesprächshierarchie im Job haben Frauen oft ein schlechteres Standing. Von ihnen weiß man viel – auch jede Menge Privates –, während die Absichten und persönlichen Themen der Platzhirsche hinter ihrem Pokerface schwer zu erahnen sind.

Fragen unmöglich

Männer fragen in Telefonkonferenzen und Besprechungen oft nicht nach, wenn sie etwas nicht verstehen. Für Frauen unverständlich. Doch der Grund ist simpel: Männer wollen bewusst oder unbewusst nicht zugeben, dass sie etwas nicht wissen oder nicht verstehen. Das könnte ja an ihrer Reputation und ihrem

Image kratzen und den Platz in der Rangfolge verschlechtern. Warum sollten sie auch noch selbst etwas zu ihrer eigenen Degradierung beitragen? So gilt bei Besprechungen und Präsentationen: Wenn keine Nachfragen kommen, bedeutet das nicht, dass Ihr männliches Gegenüber Sie auch zwingend verstanden hat. Unabhängig davon, dass ihm eventuell Sachinfos fehlen und er deshalb nicht verstehen kann, was Sie sagen, gibt es noch einen anderen möglichen Grund: den völlig anderen Blickwinkel Ihres Gesprächspartners.

»Frauen sind vielschichtiger gestrickt als Männer und drücken sich deshalb kompliziert aus. Dabei ist für Männer die Reduktion auf das Wesentliche wichtig, sie denken nicht in die Breite, sondern fokussieren das Problem«, hat Jana Meissner, Vertriebsmitarbeiterin bei einem Automobilkonzern, festgestellt.

Frauen schneiden bei Intelligenztests etwas besser ab, wenn es um sprachliche Fähigkeiten geht. Beim räumlich-visuellen Denken liegen Männer etwas weiter vorn. Sie können besser Landkarten lesen und Figuren im Kopf drehen, Frauen haben einen größeren Wortschatz und finden schneller Synonyme. Die kanadischen Psychologinnen Elizabeth Hampson und Doreen Kimura kamen zu dem Schluss, dass Östrogene sich günstig auf Aufgaben wie Wortflüssigkeit und feinmotorisches Geschick auswirken. Die Leistungen in räumlich-visueller Hinsicht wurden bei Frauen besser, wenn sich die Östrogenkonzentration während des Zyklus verringerte. Ein Experiment, bei dem die Versuchspersonen Reimwörter aufspüren mussten, zeigte außerdem, dass bei den Frauen Areale in beiden Hirnhälften beschäftigt waren, während bei den Männern nur eine Region in der linken Hemisphäre aktiviert war.

Damit es Ihnen gelingt, Ihre Message rüberzubringen, sollten Sie sich an ein paar einfache, aber wirkungsvolle Regeln halten.

Der Leitgedanke dabei ist, alle Situationen zu vermeiden, in denen Nachfragen nötig wären.

Alles vereinfachen

Bringen Sie nur einen klaren Gedanken oder ein klares Konzept auf einmal auf den Tisch. Vereinfachen Sie alles und reduzieren Sie komplexe Sachverhalte auf das Wesentliche. Überlegen Sie sich vor der Besprechung oder Präsentation, wie Sie Ihre Message in einem Satz zusammenfassen können. Fragen Sie sich selbst immer wieder: Was ist meine Botschaft? Dadurch bekommen Sie selbst Klarheit.

Kurze Sätze benutzen

Das Autorenduo Allan und Barbara Pease betont die unterschiedliche Satzstruktur von Männern und Frauen: »Die Sätze eines Mannes sind kürzer und klarer strukturiert als die einer Frau. Der Satzbeginn ist in der Regel unkompliziert, die Aussage klar, und am Ende gibt es eine Schlussfolgerung.« Einem Mann könne man meist leicht bei seinen Ausführungen folgen. Wenn Frauen jedoch mit einem Mann reden und mehrere Themen ineinander verflechten, werde der Mann bald ratlos und würde das Interesse am Gespräch verlieren. Wenn man einer gemischten Gruppe den eigenen Standpunkt erklären will, sollte man sicherheitshalber die männliche Satzstruktur mit kurzen, klaren Sätzen wählen, um die Kernaussagen zu erläutern. Und lassen Sie sich nicht davon täuschen, wenn die Frauen in Ihrem Publikum zustimmend nicken. Das heißt nicht, dass die Männer Sie verstanden haben.

Smartes Vorgehen bei Präsentationen

Nehmen Sie sich Zeit für die Vorbereitung. Notieren Sie die Argumente, mit denen Sie Ihre Strategie begründen. Bauen Sie in Ihre Präsentation Wiederholungen ein. Und holen Sie vor allem während der Präsentation immer wieder die Bestätigung Ihrer Zuhörer ein, dass Sie Ihnen bis dahin gefolgt sind. Zum Beispiel, indem Sie sie zur Mitarbeit anregen und Fragen stellen wie etwa:

- Wie beurteilen Sie das?
- Wünschen Sie noch weitere Infos?
- Soll ich meinen Vorschlag noch weiter begründen?
- Möchten Sie noch weitere Argumente hören oder sollen wir erst einmal über das bisher Gesagte diskutieren?

Erwarten Sie nicht sofortige Zustimmung zu Ihrer Präsentation. Wenn aus Ihrer Sicht zu wenig Reaktion kommt und Sie den Eindruck haben, dass die Teilnehmer Ihre Argumentation eventuell noch nicht verstanden haben, machen Sie nicht den Fehler, immer noch mehr Argumente zu bringen. Kehren Sie stattdessen zunächst an den Ausgangspunkt Ihrer Ausführungen zurück und stellen Sie erst einmal sicher, dass alle die Grundgedanken nachvollziehen können. Vergessen Sie nicht: Nur wenn die Männer Sie verstehen, werden sie Ihnen zustimmen.

Selbst smart fragen

Wenn Frauen in einer Besprechung immer diejenigen sind, die die Fragen stellen, kann es sein, dass sie inkompetent wirken. Die anderen Teilnehmer scheinen ja vermeintlich schon alles zu wissen. Überlegen Sie also kurz,

- ob Sie Ihre Frage tatsächlich öffentlich stellen wollen, was den Vorteil hat, dass das Team die Antwort auch erfährt,
- ob Sie den Assistenten des Alphatiers fragen, was Sie bei diesen interessanten Punkten bei der Umsetzung besonders beachten sollten, oder
- ob Sie später im Internet nachrecherchieren.

Bedenken Sie: Wenn Sie in einer Besprechung sehr viel fragen, kann das auf ein männliches Publikum auch aggressiv wirken, als ob Sie den Redner angreifen wollten, selbst wenn Sie nur eine sachliche Antwort auf Ihre Frage haben wollen.

Der Vorteil eines Pokerface

Sie sind nicht gezwungen, zu sagen, dass Sie etwas nicht verstehen, und nachzufragen. »Ach, das ist ja interessant, das wusste ich noch gar nicht«, einen solchen Satz hört man im Beruf selten von Männern. Frauen zeigen so, dass sie sich nicht für etwas Besseres halten. Unter Frauen funktioniert das auch, in der Geltungshierarchie wirken sie so sympathisch. Wenn aber Ihr berufliches Ziel Respekt und eine gute Positionierung in der Dominanzhierarchie ist, dann sollten Sie einfach nur nicken, auch wenn Sie keine Ahnung haben, und ab und zu »Hm« oder »Ja, ja« sagen. Und möglichst bald das Thema auf ein anderes Terrain bringen, in dem Sie sich auskennen. Davon gibt es sicher genug.

10. Im internationalen Business punkten

Das Musterland Norwegen mit über 40 Prozent Frauen in Aufsichtsräten kann sich sehen lassen. Und obwohl auch dort noch längst nicht einmal annähernd die Hälfte der Chefposten mit Frauen besetzt ist, sieht es auch in den anderen skandinavischen Ländern diesbezüglich ganz gut aus. Ansonsten gilt: In den Firmenzentralen regieren weltweit die Männer. Frauen tun also gut daran, damit zu rechnen, dass sie auch in der internationalen Zusammenarbeit auf männerdominierte Spielregeln treffen. Die Globalisierung ist in Deutschland als einer der führenden Exportnationen im Wirtschaftsalltag mehr als angekommen. Viele Unternehmen sind international aufgestellt und besitzen Standorte auf mehreren Kontinenten. Egal, ob als Leiterin einer Niederlassung oder Produktionsstätte im Ausland, ob als Teamleiterin multikultureller Teams, als Fachspezialistin, die mit Kollegen aus anderen Ländern zusammenarbeitet, oder als Assistentin, die Dienstleister im Ausland beauftragt – Frauen haben mit einer doppelten Andersartigkeit zu tun: Zum Gender-Thema kommt der kulturelle Aspekt. Oder umgekehrt.

Das muss für Frauen nicht zwingend nachteilig sein. Im Ausland als dorthin entsandtem Gast wird ihnen in vielen Kulturen zunächst Respekt erwiesen. Anders als in Deutschland, wo sie an der männlichen Norm gemessen werden, wird akzeptiert, dass sie als Frauen aus einer fremden Kultur sowieso anders sind. Wenn sie sich auf die Kultur des Gastlandes einstellt, wird eine entsandte Frau im Management einer ausländischen Firma also durchaus anerkannt: Sie ist Gast und in einer Führungsposition.

Bei der Zusammenarbeit in internationalen Teams innerhalb des eigenen Unternehmens ist das Thema komplexer. Es stellt sich die Frage, welche Kultur unausgesprochen gilt oder als

Multi-Kultur ausgehandelt wird. Frauen müssen sich auch hier durchsetzen – etwa gegen die Skepsis eines französischen Teammitglieds in einem amerikanischen Softwarekonzern, der sich fragt, ob die junge Japanerin tatsächlich ihrer Rolle als Teamleiterin gewachsen ist. Um ein multinationales Team erfolgreich zu führen, ist es wichtig,

- ein gemeinsames Ziel- und Aufgabenverständnis zu entwickeln,
- sich über die Art der Teamarbeit zu verständigen und
- ein Wir-Gefühl aufzubauen.

Unterschiedliche Kulturen in internationalen Teams

Es gibt unzählige Definitionen von Kultur. Experten greifen gern auf das Bild eines Eisbergs zurück, um zu verdeutlichen, dass Kultur zu großen Teilen unsichtbar und unbewusst ist. Die sichtbare Spitze des Eisbergs umfasst offensichtliche Erscheinungen, wie etwa Architektur, Kleidung und Ernährung. Die gigantischen Eismassen unter der Wasseroberfläche stehen bildlich für Werte und Normen, geistige Konzepte, Annahmen, Einstellungen und Handlungsmuster, die dem wahrnehmbaren Ausdruck von Kultur zugrunde liegen. Die unsichtbaren Elemente der Tiefenkultur bergen, wenn man sich ihrer Existenz und Wirkung nicht bewusst ist, die Gefahr von Missverständnissen.

Die Diplom-Psychologin und interkulturelle Expertin Sylvia Schroll-Machl verweist auf das Konfliktpotenzial von Situationen, in denen Menschen aus unterschiedlichen kulturellen Orientierungssystemen aufeinandertreffen und dabei gänzlich unreflektiert versuchen, ihr eigenes Verhalten wie auch das des Gegenübers gemäß des eigenkulturellen Orientierungssystems zu steuern und den eigenen Erwartungen entsprechend zu bewerten. Weicht das Verhalten des anderen besonders stark von den eigenen Erwartungen ab, ist bei vielen Menschen schnell die Grenze der Toleranz erreicht. Und im ungünstigsten Fall wird der Versuch unternommen, das Verhalten des anderen »richtigzustellen«. Dabei wird meist übersehen, dass die Kulturbedingtheit des eigenen Verhaltens ganz entscheidend zur Erwartungsdiskrepanz beiträgt.

In virtuellen Teams, in denen heute häufig international zusammengearbeitet wird, ist diese Gefahr noch größer. Dort kommt es schneller zu Missverständnissen, weil der direkte persönliche Kontakt fehlt. Beginne ich beispielsweise als Deutsche ein Gespräch mit einem Franzosen ohne Small Talk, dann habe ich die Chance, an seiner Mimik zu erkennen, ob er etwas pikiert ist. Wenn ich das bemerke, kann ich noch schnell eine persönliche Frage stellen. Schicke ich ihm aber eine E-Mail, in der ich nur schreibe: »Herr XY, Ihre Zahlen sind falsch«, dann merke ich gar nicht, wie er darauf reagiert. Dann ist er als Franzose vielleicht verärgert, weil der persönliche Einstieg ins Gespräch fehlt und ich mich aus seiner Sicht sehr schroff und beleidigend ausgedrückt habe. Die Irritation ist da und kann in der weiteren Zusammenarbeit zu Konflikten führen.

Kulturstandards und Kulturdimensionen

Es geht nicht darum, fremdes Verhalten zu imitieren, sondern sich auf das Gegenüber einzustellen, anstatt von vornherein davon auszugehen, dass es nach demselben Muster funktioniert. Mikropolitisch ist es auch im internationalen Kontext für Frauen hilfreich, den Vorgesetzten in der formalen Hierarchie oder den Projektleiter als internen Kunden zu sehen. So als wenn Sie Business in China, Indien oder Mexiko machen wollten, ist es auch hier die Kultur des Kunden, auf die sich der Verkäufer einstellen sollte – in diesem Fall die des Vorgesetzten, dem Sie Ihre Arbeitskraft verkaufen. Das gilt natürlich auch, wenn Sie Kollegen auf derselben Ebene überzeugen möchten, dass eine Mitarbeit an Ihrem Projekt sinnvoll ist.

Doch um welche Kultur handelt es sich dabei? Oft ist das nicht so einfach zu bestimmen. Wichtige Fragen dabei sind:

- Aus welchem Teil der Welt kommt Ihr Gegenüber?
- Welche Kulturstandards herrschen dort üblicherweise?
- Lebt Ihr Gegenüber diese Kulturstandards?
- Inwieweit ist Ihr Gegenüber durch eine internationale Ausbildung und den Kontakt mit diversen Kulturen geprägt?
- Wie lange arbeitet Ihr Gegenüber bereits in einem internationalen Umfeld?

Da das eigene kulturelle Orientierungssystem zum alltäglichen und »normalen« Leben gehört, weil man darin aufgewachsen ist und in der Regel nie etwas anderes erlebt hat, treten diese unbewusst wirkenden Kulturstandards zumeist erst im Zusammentreffen mit Menschen aus einer fremden Kultur zutage. Diese Orientierungen, die in unterschiedlicher Ausprägung auftreten, werden für die Beschreibung des »Typischen« beziehungsweise für die Formulierung von Standards zwangsläufig abstrahiert und verallgemeinert. Bei der Definition von Kulturstandards unternimmt man den Versuch, ein bestimmtes Verhalten auf ein (spezifisches) zugrunde liegendes kulturelles Muster zurückzuführen. Bei der Suche nach Kulturdimensionen geht es dagegen um die weiter reichende Frage, ob bestimmte Kulturstandards auf Grunddimensionen (allgemeinen) menschlichen Verhaltens zurückgeführt werden können.

Wissenschaftler haben Kultur in verschiedene Dimensionen

eingeteilt, wie etwa Raum, Zeit, Machtdistanz oder Unsicherheitsvermeidung. Dabei erfassen die Modelle, die zur Strukturierung der kulturellen Dimensionen entwickelt wurden, ihren Gegenstand zumeist auf linearen, bipolaren Skalen. Jede Dimension besteht aus einer Achse, die zwei extreme Werte verbindet. Auf ihr werden die jeweiligen Kulturen angeordnet. Zum Beispiel haben Nationen, die gut improvisieren können, ein schwaches Bedürfnis nach Unsicherheitsvermeidung. Sie reagieren gelassener auf chaotische Verhältnisse. Im Gegensatz dazu sind wir Deutschen von einer starken Unsicherheitsvermeidung geprägt und versuchen durch strengere Regelsysteme unstrukturierte Situationen auf ein Mindestmaß zu beschränken. Für Frauen sind neben der Frage, wie hierarchieorientiert das globale Unternehmen ist, in dem sie arbeiten, besonders die Frage und die taktische Beschäftigung damit wichtig, welches unter anderem kulturgeprägte Verhältnis zur Macht ihr Gegenüber hat.

Mikropolitische Analyse: Unterschiedlicher Umgang mit Macht

Frauen sollten also analysieren, inwieweit Ihre Gegenüber einer Kultur entstammen, die machtorientierter ist als Deutschland. Dazu gibt es wissenschaftliche Untersuchungen interkultureller Experten. Doch sehr hilfreich ist es vor allem, den eigenen Blick zu schärfen und sich immer wieder mit Mentorinnen oder Verbündeten darüber auszutauschen. Je machtorientierter eine Kultur ist, umso mehr müssen Frauen darauf achten, respektiert zu werden. Das fängt bereits mit den Signalen an, die deutsche Chefs und Kollegen zeigen, wenn sie sich gegenüber den Kolleginnen in den Vordergrund drängen. Das zeigt den Einheimischen, dass die Frauen doch nicht so bedeutsam sind, denn sonst würden sich die deutschen Kollegen ihnen gegenüber respektvoller verhalten. Das heißt, es ist in erster Linie einmal wichtig, sich in der eigenen Abteilung durchzusetzen und sich nicht zu bescheiden zurückzuhalten.

Im Gegensatz zum kulturell egalitär geprägten Umfeld wie in Skandinavien, Holland oder auch der Schweiz, wo man eher zurückhaltend auftritt, ist die Bedeutung von Hierarchien selbst in europäischen Ländern wie Frankreich wesentlich bedeutender als in Deutschland. Die Unterschiede sind im Vergleich dazu in asiatischen oder auch afrikanischen Ländern noch größer. Die Chance, dort auf ein männliches Gegenüber zu treffen, dessen Machtorientierung hoch ist, ist relativ groß. Vorteile hat, wer sich da mit deutschen Partnern in Statusspielen schon geübt hat. Wichtig ist, dass Sie in Ihrer Position Ihren eigenen Status deutlich zeigen, aber, wenn nötig, den höheren Status Ihres Gegenübers entsprechend würdigen.

Vergessen Sie nicht, dass die einheimische Kultur auch weniger hierarchieorientiert sein kann als in Deutschland. Besprechungen laufen etwa in Dänemark oft nach etwas anderen Regeln als in Deutschland ab. Meetings sind dort sachlicher, da weniger mit Spielchen um den Status in der Hierarchie gekämpft werden muss. Auch die Teilnahme am Meeting wird anders gehandhabt. Es sind nicht immer alle Mitarbeiter zu allen Punkten anwesend, sondern sie kommen oft nur dann dazu, wenn es ihr Arbeitsgebiet betrifft. Hier wird also freiwillig darauf verzichtet, sich auf einer Bühne zu präsentieren. Dann sollten Sie genau überlegen, ob für Sie Ihr Auftritt nötig ist oder nicht.

Auch innerhalb einer Kultur kommt es auf genaues Hinschauen an, mit wem man es zu tun hat. Auf der einen Seite gibt es beispielsweise in der Türkei die traditionell islamisch orientierten Geschäftsleute, auf der anderen Seite sind viele türkische Businessleute gut ausgebildet, haben oft im Ausland studiert –

nicht wenige auch in Deutschland – und sind vorwärts gerichtet, modern-europäisch eingestellt. Auch in Mexiko treten Geschäftspartner ganz unterschiedlich auf: relativ amerikanisch geprägt oder sehr traditionell mexikanisch eingestellt. Je nachdem gilt es darauf zu achten, dass man bei Unterhaltungen keine interkulturellen Konfliktthemen berührt.

Beispiele für unterschiedliche Machtdistanzen

Einer der Pioniere auf dem Gebiet der interkulturellen Forschung, der niederländische Soziologe Geert Hofstede, bezeichnet den Grad, in dem ungleiche Machtverhältnisse akzeptiert werden, mit »Machtdistanz«. In Kulturen mit hoher Machtdistanz werden große Machtgefälle als unproblematisch erlebt und als Teil der Gesellschaft akzeptiert. Bei hoher Machtdistanz kommt es zur Ausbildung von vielschichtigen und undurchlässigen Hierarchiesystemen. Der Abstand zwischen Leitern und Unterstellten, Lehrern und Schülern oder Erwachsenen und Kindern wird häufig betont, und Menschen mit Führungspositionen lösen viel Respekt aus. Bei Kulturen mit niedriger Machtdistanz werden ungleiche Machstrukturen als problematisch erlebt und bekämpft. In flachen und durchlässigen Hierarchiesystemen sind die Unterschiede zwischen Personen in über- und untergeordneter Position oft kaum bemerkbar. In Kulturen mit hoher Machtdistanz gibt es nach Hofstede vielschichtige Hierarchien. Der ideale Chef ist ein wohlmeinender Autokrat oder guter Vater, der sich selbst als hilfsbereiten Entscheidungsträger sieht. Manager verlassen sich auf formelle Regeln und Untergebene erwarten Anweisungen. Privilegien und Statussymbole für Manager sind populär und werden erwartet.

In einer Untersuchung von Hofstede, inwieweit sich Angestellte in Hierarchien einordnen, erhielt Malaysia die meisten

Punkte (104), während Deutschland im unteren Teil der Werteskala nur 35 Punkte erreichte. In Malaysia werden Hierarchien als Teil der allgemeinen Mentalität stark kultiviert. Dort arbeitet man nicht für seinen Status, sondern wird in ihn hineingeboren. In Deutschland wird dagegen sehr viel Wert auf Gleichheit gelegt. Die Position, die jemand in einer Firma innehat, resultiert aus Verdiensten und nicht aus familiären Beziehungen. Es gilt also in Malaysia weitaus stärker, den Status der anderen zu respektieren und sich selbst als Respektsperson zu zeigen.

Das trifft beispielsweise auch auf Japan zu, wo Frauen bis heute im Business keine wichtige Rolle spielen. Wenn Sie geschäftlich in Japan zu tun haben oder japanische Gäste in Deutschland zu Verhandlungen erwarten, sollten Sie sich »geliehener« Autorität bedienen – auch wenn das für viele Frauen nur schwer mit ihrem Selbstverständnis zu vereinbaren ist. Lassen Sie sich auf jeden Fall von jemand Wichtigem empfehlen, wenn Sie zu Verhandlungen nach Japan reisen. Lassen Sie etwa Ihren männlichen Chef in Japan anrufen und sich von ihm für die Gespräche empfehlen.

Die Journalistin Anne-Bärbel Köhle, die für eine Special-Interest-Zeitschrift nach Tokio reiste, fühlte sich als westliche Frau von ihren japanischen Gesprächspartnern mit größtem Respekt behandelt. Allerdings hatte sie auch den Rat beherzigt, zu den Terminen möglichst ein kleines »Gefolge« mitzunehmen: einen Übersetzer und eine Assistentin. Unabhängig davon, ob für beide etwas zu tun war oder nicht, erhöhten sie den Status der Journalistin gegenüber ihren japanischen Gesprächspartnern.

Auch etwa in Vietnam sind hierarchische Strukturen ausgeprägter als in Deutschland. So sollte bei der Begrüßung der Delegationsleiter immer vom deutschen Delegationsleiter als Erstes begrüßt werden.

Teamwork ist oft nicht angesagt

Die Delegationen sitzen sich am Tisch gegenüber und die jeweiligen Höchstrangigen sitzen sich dabei in der Mitte gegenüber, ihre Mitarbeiter links und rechts gruppiert. Ausländische Mitarbeiter haben vor allem in großen Unternehmen, Staatsbetrieben und Verwaltungen weniger Entscheidungsbefugnisse als in Deutschland. Das äußert sich beispielsweise in Gesprächen, bei Verhandlungen oder Workshops mit größeren Gruppen, bei denen meist nur der Delegationsleiter redet und Untergebene nur nach Aufforderung durch den Vorgesetzten. Deutsche Vorgesetzte, die bei einem Workshop einen offenen Meinungsaustausch mit ihren vietnamesischen Mitarbeitern erwarten, werden so unter Umständen enttäuscht, weil es keiner gewohnt ist, sich im größeren Kreis zu äußern.

In Tansania gibt es beispielsweise auch kein Teamwork. Es gibt immer irgendjemanden, der etwas anordnet, und jemanden, der etwas ausführt. Es reicht auch nicht, einer Gruppe von Mitarbeitern zu sagen, was zu tun ist, denn auch innerhalb einer Gruppe gibt es wieder Hierarchien. Die Höhergestellten laden dann die ganze Arbeit auf Rangniedere ab. Diese Hierarchien muss auch eine Weiße aus dem Westen einhalten. Für Deutsche hat autonomes, selbstbestimmtes Handeln einen hohen Wert. Sich trotzdem auf die hohe Entscheidungshierarchie in Tansania einzustellen, bedeutet für Frauen, darauf achten zu müssen, dass ihr Stellenwert vom tansanischen Partner hoch genug eingeschätzt wird, um sie ernst zu nehmen und mit ihr zusammenzuarbeiten. Auch in der Türkei sollten deutsche Managerinnen nicht zu viel Sympathie für die Untergebenen zeigen, sonst sehen diese die Anweisungen nur als unverbindliche Möglichkeiten. Das bedeutet für Frauen erst recht, dass sie ihre Kompetenz deutlich zeigen müssen.

In Mexiko haben Hierarchien ebenfalls eine wesentlich höhere Bedeutung als in Deutschland. Bei Telefonaten sollte man darauf achten, ob der mexikanische Geschäftspartner seine Sekretärin anrufen lässt. Wenn das der Fall ist und man selbst keine Unterstützung durch eine Assistentin hat, bittet man einen Kollegen oder eine Kollegin, die Verbindung herzustellen. Sonst wertet man sich dem anderen gegenüber selbst ab und gerät in eine schlechtere Position. Als Chefin sollte man die Initiative übernehmen und im Gespräch mit den eigenen Mitarbeitern auch die Themen vorgeben. Was die Verwendung von Titeln angeht, herrschen in Mexiko fast österreichische Verhältnisse – also eventuell neue Visitenkarten drucken lassen und dabei Ausbildungen an Berufsakademien und Fachhochschulen großzügig aufwerten.

Doch man muss den Blick gar nicht so weit in die Ferne schweifen lassen. Bereits in Frankreich oder bei der Zusammenarbeit mit französischen Vorgesetzten oder Kollegen sollte man sich darüber klar sein, dass geografische Nähe nicht auch selbstverständlich kulturelle Nähe bedeutet. Die Hierarchie spielt in Frankreich die Hauptrolle. Sich statt an den Abteilungsleiter direkt an einen Bereichsleiter zu wenden, ist also keine gute Idee. In Slowenien gilt ebenfalls: Der Boss ist der Boss. Deutsche Verhandlungspartnerinnen sollten deshalb überprüfen, ob ihr Gesprächspartner auch befugt ist, die Entscheidung zu treffen, und zeigen, dass sie selbst die Chefin sind. Hinzu kommt, dass vor allem ältere Slowenen, die noch stärker von der sozialistischen Marktwirtschaft geprägt sind, es unter Umständen nicht gewohnt sind, Verantwortung zu übernehmen. Teil der hierarchischen Orientierung ist auch eine ausgeprägte »Stempelkultur«. So werden Aufträge oft erst angenommen, wenn sie mit Durchschlag im Auftragsbuch eingetragen und abgestempelt wurden.

Status sichern

Überlegen Sie sich, welche der folgenden Faktoren Sie bereits in der Anfangsphase der Zusammenarbeit mit Vertretern einer Kultur mit hoher Machtdistanz nutzen und auf welche Sie in Zukunft noch mehr achten sollten:

- prestigeträchtiges, formelles Outfit
- akademischer oder anderer Titel
- repräsentative Visitenkarte
- neueste technische Insignien, wie etwa ein aktuelles Smartphone-Modell
- Einführung durch einen älteren, ranghohen Mann
- Vorstellen des eigenen Teams, Reisen mit Gefolge
- Positionierung als Topexpertin

In unbekannten Situationen verhält man sich – wie im Übrigen in Deutschland auch – zunächst lieber zu förmlich. Zum Beispiel, indem man jemanden erst mit dem Nachnamen und Titel anstatt mit Vornamen anredet, sich sehr formell kleidet und die lokale Etikette befolgt in Bezug auf das Händeschütteln und den Austausch von Visitenkarten.

Umgang mit Komplimenten

In vielen Ländern und für viele Vertreter anderer Kulturen ist es sehr viel üblicher als hierzulande, Frauen Komplimente zu machen. Deutsche Geschäftsfrauen sollten immer mit galanten Komplimenten rechnen, sie werden damit nicht in ihrer Position abgewertet. Dazu einige Beispiele:

Mit »Piropos«, kleinen Komplimenten, sollte man etwa in Spanien rechnen. Das ist auch im Business üblich, genauso wie galantes »In den Mantel helfen« oder andere Höflichkeiten Frauen gegenüber. Auch in Polen sollten sich deutsche Geschäftsfrauen darauf einstellen, dass die Polen sie eventuell mit Handkuss begrüßen oder dass sie ihnen auffällig viele Komplimente machen. In Argentinien werden Frauen ebenfalls stärker hofiert als in Deutschland. Komplimente zum guten Aussehen und zur Kleidung gehören im argentinischen Berufsalltag dazu. Weibliche Führungskräfte sind dann manchmal unangenehm berührt, aber es geht hier nicht unbedingt ums Flirten, sondern es ist eine Form der traditionellen Höflichkeit Frauen gegenüber.

Interkulturelle Kompetenz

Erwerben Sie »interkulturelle Kompetenz«. Dahinter verbirgt sich die Fähigkeit, das kulturelle System eines Landes zumindest in Ansätzen zu verstehen und sich auf seine Bewohner einzustellen. Also zu fragen, wo ein Mensch herkommt, welche Sozialisation er hat, wie europäisch/westlich geprägt jemand aufgewachsen ist. Es bedeutet, sich in den anderen hineinzuversetzen und darauf zu achten, ob die Kommunikation irgendwie gestört ist, was die Zusammenarbeit erschweren könnte.

Üben Sie, sich in andere Menschen hineinzuversetzen: indem Sie vieles ausprobieren, offen sind, viele Fragen stellen und das Erfahrene auch immer wieder reflektieren. Und indem Sie sich selbst immer wieder fragen: Ist die Beziehung jetzt wirklich in Ordnung? Funktioniert alles? Was könnte besser sein? Und sobald Ihnen etwas seltsam vorkommt, fragen Sie jemanden um Rat, ob er ähnliche Erfahrungen gemacht hat. Das kann zum Beispiel jemand sein, der selbst schon in dem betreffenden Land war. Aber der allerwichtigste Schritt ist, sich von der Haltung zu verabschieden, dass der deutsche Weg der einzig richtige ist. Es mag vielleicht im deutschen Umfeld ganz klar sein, dass ein bestimmtes Produkt diesen und jenen Qualitätsstandards genügen muss. In Brasilien, Indien oder auch in Ungarn ist das aber vielleicht überhaupt nicht klar, weil die Standards ganz andere sind.

Erfolgsfaktor Frau: Punkten mit Sozialkompetenz

Bei Vertretern anderer Kulturen gelten die Deutschen oft als »Dampfwalzen« oder sture »Quadratschädel«. Frauen aus Deutschland kann man das weniger vorwerfen, denn sie bringen bei ihren Führungsqualitäten oft eine hohe Personenorientierung ein – eine hervorragende und dringend notwendige Ergänzung zur vorherrschenden Sachorientierung. Sie hören sich die Sicht des anderen eher an, sind empathisch und gehen auf Probleme der Mitarbeiter ein. Für viele Deutsche ist es schwer, der Pflege der persönlichen Beziehung mehr Zeit einzuräumen, da sie diese nicht als Geschäftsbestandteil sehen. Ohne diese Wertschätzung für die persönliche Ebene wird aber erfolgreiches Business im Ausland nicht funktionieren. Manager, denen es etwa schwerfällt, das in Brasilien übliche Begrüßungsritual »Wie geht's? Wie geht's der Familie? Gute Reise gehabt?« zu übernehmen, werden mit ihrer sachlichen und direkten Art bei brasilianischen Mitarbeitern auf Unverständnis stoßen. Persönliche Gespräche sind nötig, um die Mitarbeiter zu motivieren. Der Führungsstil von Frauen mit der Betonung der sozialen Komponente stellt so in vielen Kulturen einen Erfolgsfaktor dar.

Schlussbemerkung

Die Liste der Spielregeln ließe sich natürlich noch weiter fortschreiben und ausdifferenzieren. Wichtig ist jedoch nicht das einzelne Detail, sondern mit welcher Haltung Sie mitspielen. Entwickeln Sie Ihre mikropolitische Kompetenz. Seien Sie bereit, nach Spielregeln Ausschau zu halten. Werden Sie zur Pfadfinderin auf fremdem Terrain, erkunden Sie die Regeln und die damit verbundenen Pfade und überlegen Sie, welchen davon Sie folgen wollen. Nützliche Hilfsmittel sind dabei Forscherblick, Sportsgeist, Spielbereitschaft und eine große Portion Humor. Wenn Sie sich auf die Reise gemacht haben, werden Sie feststellen, dass es an der einen oder anderen Stelle für Sie sinnvoll sein könnte, Ihr Verhalten im Job zu ändern und neues Verhalten einzuüben, um clever mitzuspielen. Das bedeutet nicht, sich als Person komplett zu ändern, und auch nicht, unweiblicher zu werden. Es bedeutet nur, neue Spielzüge zu lernen.

Vergessen Sie nie: Die Spielregeln sind nicht in Stein gemeißelt, sondern eine Frage der Mehrheiten. Werden Sie erfolgreich und stellen Sie weitere Frauen und gleichberechtigt denkende Männer ein und setzen Sie dann neue Spielregeln in Ihren Teams.

Bei mehr als 30 Prozent Frauenanteil sind Frauen nicht mehr die Ausnahmen und die Stärken von Frauen in gemischten Teams kommen noch besser zum Tragen. Vielleicht befördert eine Quotenregelung in Deutschland oder EU-weit diesen Prozess. Das wäre wünschenswert. Je schneller, desto besser.

Nehmen Sie von diesem Buch, was Sie als Anregung gebrauchen können. Verwerfen Sie das, von dem Sie meinen, dass es nicht zu Ihnen passt. Sie sind die Expertin für Ihr eigenes Leben! Vertrauen Sie auf sich selbst.

Anhang

Danksagung

Für dieses Buch habe ich mit vielen Frauen gesprochen, die bereit waren, über ihre persönlichen beruflichen Erfahrungen Auskunft zu geben. Dafür möchte ich mich bei ihnen allen ganz herzlich bedanken. Ohne ihre Offenheit wäre dieses Buch nicht möglich gewesen. Bedanken möchte ich mich außerdem bei den Expertinnen und Experten, die bereit waren, ihr Wissen mit mir zu teilen. Und ich möchte Dagmar Olzog, Programmleiterin beim Kösel-Verlag, für ihre Unterstützung bei diesem Buch danken sowie Gerhard Plachta, ebenfalls vom Kösel-Verlag, für sein konstruktives und umsichtiges Lektorat.

Netzwerke, die Sie interessieren könnten

BFBM – Bundesverband der Frauen im freien Beruf und Management e.V.
www.bfbm.de
Ziel: Kontakte, Weiterbildung, Gleichberechtigung

BPW Germany e.V. – Business und Professional Women
www.bpw-germany.de
www.bpw-europe.org
www.youngbpw-europe.org
Ziel: Kooperation, Förderung, Kontaktpflege und Verständigung

BücherFrauen e.V.
www.buecherfrauen.de
Ziel: Vernetzung von freiberuflich und fest angestellten Frauen im Buch- und Verlagswesen

Connecta – Das Frauennetzwerk e.V.
www.frauennetzwerk-connecta.de
Ziel: Berufliche und persönliche Förderung, Hilfe bei der Karriereplanung, Weiterbildung

DAB – Deutscher Akademikerinnenbund e.V.
www.dab-ev.org
Ziel: Förderung von Frauen, Gleichberechtigung in gesellschaftlichen und beruflichen Gremien

Deutscher Juristinnenbund e.V.
www.djb.de
Ziel: Fortentwicklung des Rechts, Verwirklichung der Gleichberechtigung und Gleichstellung der Frau

Deutsches Gründerinnen Forum e.V.
www.dgfev.de
Ziel: Verbesserung von Ausbildung, Beratung und Finanzierung bei Existenzgründungen von Frauen

d i b – deutscher ingenieurinnenbund e.V.
www.dibev.de
Ziel: Netzwerk für Frauen in der Technik, Einsatz gegen Vorurteile

EAF – Europäische Akademie für Frauen in Politik und Wirtschaft e.V.
www.eaf-berlin.de
Ziel: Förderung von internationalen Kontakten, Austausch, Gleichberechtigung und Nachwuchs

European Management Assistants
www.euma.org
Ziel: Europaweite Vernetzung und Förderung von Assistentinnen im Management

EWMD – European Women's Management Development Deutschland e.V.
www.ewmd.org
Ziel: Vernetzung und Weiterentwicklung von Frauen in Führungspositionen in Deutschland und Europa

FidAR e.V. – Frauen in die Aufsichtsräte e.V.
www.fidar.de
Ziel: Mehr Frauen in Aufsichtsratspositionen

FIM – Vereinigung für Frauen im Management e.V.
www.fim.de
Ziel: Kontaktpflege, Gleichstellung, Akzeptanz von Frauen im Beruf

FiT – Frauen in der Technik e.V.
www.fitev.de
Ziel: Projekte zur Förderung der Frauen in Naturwissenschaft und Technik

Frauen in der Immobilienwirtschaft e.V.
www.immo-frauen.de
Ziel: Steigerung des Anteils von Frauen in der Immobilienwirtschaft

Journalistinnenbund e.V.
www.journalistinnen.de
Ziel: Vernetzung von Journalistinnen, Frauen in den Medien stärken

Nəttwerk – Das Netzwerk für Frauen in Kommunikationsberufen
www.nett-werk.org
Ziel: Fachlicher und persönlicher Austausch von Frauen in der Kommunikations- und Medienbranche

NUT – Frauen in Naturwissenschaft und Technik e.V.
www.nut.de
Ziel: Förderung und Unterstützung von Frauen in Naturwissenschaft und Technik, Info-Austausch

SI – Soroptimist International
www.soroptimist.de
Ziel: Verbesserung ethischer Werte, Förderung der internationalen Verständigung

UFH – Bundesverband der Unternehmerfrauen im Handwerk e.V.
www.bv-ufh.de
Ziel: Weiterbildung und Erfahrungsaustausch von Unternehmerfrauen

VDU – Verband deutscher Unternehmerinnen e.V.
www.vdu.de
Ziel: Erfahrungsaustausch, politischer Einfluss

Webgrrls e.V.
www.webgrrls.de
Ziel: Vernetzung von Frauen in den neuen Medien

WOMAN's Business Club
www.womans-business-club.de
Ziel: Vernetzung von Unternehmerinnen, Managerinnen und Frauen in Führungspositionen

Zonta International
www.zonta-international.de
Ziel: Verbesserung der Stellung der Frau in rechtlicher, politischer, wirtschaftlicher und beruflicher Hinsicht

Literatur

Badinter, Elisabeth: *XY, Die Identität des Mannes,* München 1993

Badura, Bernhard; Ducki, Antje; Schröder, Helmut; Klose, Joachim; Macco, Katrin (Hrsg.): *Fehlzeiten-Report 2011, Führung und Gesundheit,* Heidelberg 2011

Bauer-Jelinek, Christine: *Die helle und die dunkle Seite der Macht. Wie Sie Ihre Ziele durchsetzen, ohne Ihre Werte zu verraten,* Salzburg, 11. Aufl. 2009

Bierach, Barbara: *Das dämliche Geschlecht. Warum es kaum Frauen im Management gibt,* Weinheim 2002

Bischof-Köhler, Doris: *Von Natur aus anders. Die Psychologie der Geschlechtsunterschiede,* Stuttgart, 4. Aufl. 2011

Bischoff, Sonja: *Wer führt in (die) Zukunft? Männer und Frauen in Führungspositionen der Wirtschaft in Deutschland,* Bielefeld 2010

Daufeldt, Daniela: *Karriere weiblich. Wie Frauen ihre Ziele erreichen, ohne sich zu verbiegen,* Zürich 2010

Edding, Cornelia: *Einflußreicher werden. Vorschläge für Frauen,* München 2002

Evans, Gail: *Business Games. Spiele wie ein Mann – siege wie eine Frau,* Frankfurt/Main 2001

Grammer, Karl: »Immer auf der Balz. Ein Essay«, in: *Der Spiegel,* 36/2001

Gray, John: *Männer sind anders, Frauen auch. Männer sind vom Mars, Frauen von der Venus,* München 2009

Guggenbühl, Allan: *Die unheimliche Faszination der Gewalt. Denkanstöße zum Umgang mit Aggression und Brutalität unter Kindern,* Zürich 1993

Heiß, Marianne: *Yes she can. Die Zukunft des Managements ist weiblich,* München 2011

Hiltmann, Maren; Mette, Christa; Montel, Christian; Wottawa, Heinrich; Zimmer, Barbora: »Besetzung von Führungspositionen: Eine Betrachtung von Quotenregelungen aus eignungsdiagnostischer Sicht«, in: *Report Psychologie,* 36, 7/8, 2011

Hof-Glatz, Maria: *Wie küsse ich einen Haifisch, wenn er bellt? Was Frauen wissen müssen, um Erfolg zu haben,* Zürich, 2. Aufl. 2003

Kimura, Doreen: *Sex and Cognition,* Cambridge/MA 2000

Klingen, Nathali: *Geschlecht und Führungsstruktur. Das Erleben im Gruppenprozess und die Legitimation des Führers in gemischtgeschlechtlichen Gruppen unter Berücksichtigung verschiedener Führungsbedingungen,* Mering 2001

Knaths, Marion: *Spiele mit der Macht. Wie Frauen sich durchsetzen,* München, 6. Aufl. 2011

Lürssen, Jürgen; Opresnik, Marc: *Die heimlichen Spielregeln der Karriere. Wie Sie die ungeschriebenen Gesetze am Arbeitsplatz für Ihren Erfolg nutzen,* Frankfurt/Main, 3. Aufl. 2010

Maccoby, Eleanor E.: *Psychologie der Geschlechter. Sexuelle Identität in den verschiedenen Lebensphasen,* Stuttgart 2000

Mollbach, Achim: »Gefahr der Personalisierung: Warum Coachs auch die Organisation berücksichtigen müssen«, in: *Wirtschaftspsychologie aktuell,* 3/2011

Nitzsche, Isabel: *Abenteuer Karriere. Ein Survival-Guide für Frauen,* Reinbek, 2. Aufl. 2001

Nitzsche, Isabel: *Business-Spielregeln rund um den Globus,* Nürnberg, 2. Aufl. 2006

Nitzsche, Isabel: *Erfolgreich durch Konflikte. Wie Frauen im Job Krisen managen,* Reinbek 2001

Nitzsche, Isabel: *Spielregeln im Job. Wie Frauen sie durchschauen und für sich nutzen,* München, 2. Aufl. 2005

Nuber, Ursula: »So kann es nicht weitergehen«, in: *Psychologie heute,* 2/2003

O'Hanlon, Bill: *Probiers mal anders! Zehn Strategien, die Ihr Leben verändern,* Heidelberg, 2. Aufl. 2011

Pasero, Ursula; Priddat, Birger P. (Hrsg.): *Organisation und Netzwerke: Der Fall Gender,* Wiesbaden 2004

Pease, Allan; Pease, Barbara: *Warum Männer lügen und Frauen dauernd Schuhe kaufen. Ganz natürliche Erklärungen für eigentlich unerklärliche Beziehungen,* Berlin 2004

Pease, Allan; Pease, Barbara: *Warum Männer nicht zuhören und Frauen schlecht einparken. Ganz natürliche Erklärungen für eigentlich unerklärliche Schwächen,* Berlin 2010

Peus, Claudia; Welpe, Isabell M.: »Frauen in Führungspositionen«, in: *Organisationsentwicklung*, 2/2011

Quaiser-Pohl, Claudia; Jordan, Kirsten: *Warum Frauen glauben, sie könnten nicht einparken – und Männer ihnen Recht geben. Über Schwächen, die gar keine sind*, München 2007

Raabe, Peter B.: »Sprechen wie eine Frau. Zuhören wie ein Mann. Über die intergeschlechtliche Kommunikation in der philosophischen Praxis«, öffentlicher Vortrag in Berlin im November 2000

Reinker, Susanne: *Locker bleiben, Mädels! Die besten Rezepte für stressfreies Arbeiten*, Nürnberg 2008

Scheddin, Monika: *Wecke die Diva in dir! Erfolgreich mit Glamour-Effekt*, München 2011

Schmerl, Christiane: »Wann werden Weiber zu Hyänen? Weibliche Aggressionen aus psychologisch-feministischer Sicht«, in: Dausien, Bettina u.a. (Hrsg.): *Erkenntnisprojekt Geschlecht. Feministische Perspektiven verwandeln Wissenschaft*, Opladen 1999, S. 197–215

Schmitt, Tom; Esser, Michael: *Status-Spiele, Wie ich in jeder Situation die Oberhand behalte*, Frankfurt/Main, 3. Aufl. 2011

Schneider, Barbara: *Fleißige Frauen arbeiten, schlaue steigen auf. Wie Frauen in Führung gehen*, München 2011

Tannen, Deborah: *Warum sagen Sie nicht, was Sie meinen? Jobtalk – Wie Sie lernen, am Arbeitsplatz miteinander zu reden*, München 2002

Topf, Cornelia; Gawrich, Rolf: *Das Führungsbuch für freche Frauen*, München, 5. Aufl. 2007

Ustorf, Anne-Ev: »Authentizität ist unprofessionell«, in: *Süddeutsche Zeitung*, 25./26. Juni 2011

Ustorf, Anne-Ev: »Nützliche Machtspiele«, in: *Süddeutsche Zeitung*, 25./26. Juni 2011

Walker, Barbara G.: *Das geheime Wissen der Frauen. Ein Lexikon von Barbara G. Walker*, Uhlstädt-Kirchhasel, 5. Aufl. 2007

Wottawa, Heinrich: »Frauen im Management«, Vortrag 2000

Wündrich, Bettina: *Einsame Spitze? Warum berufstätige Frauen glücklicher sind*, Reinbek 2011

Online

Boes, Andreas; Bultemeier, Anja; Kämpf, Tobias; Trinczek, Rainer (Hrsg.): *Arbeitspapier 2: Strukturen und Spielregeln in modernen Unternehmen und was sie für Frauenkarrieren bedeuten (können),* 2011, als PDF-Download unter www.frauen-in-karriere.de/cms/upload/frauen-in-karriere/arbeitspapiere/1102_Arbeitspapier-2.pdf

Coffey, Rebecca: *Beauty and the Beasts: The Sight of a Pretty Woman Can Make Men Crave War,* Scientific American Online, 25. Juni 2011, www.scientificamerican.com/article.cfm?id=beauty-and-the-beasts

Dostert, Elisabeth: »In Deutschland führen, heißt, hart zu sein«, in: *Süddeutsche Zeitung,* 5. Juli 2007, www.sueddeutsche.de/wirtschaft/fuehrungskultur-in-deutschland-heisst-fuehren-hart-zu-sein-1.501568

Elprana, Gwen; Gatzka, Magdalena; Stiehl, Sibylle; Felfe, Jörg: *Führungsmotivation im Geschlechtervergleich,* 2011, als PDF-Download unter www.hsu-hh.de/psyper/index_5vewkKQUKL3FCfvD.html

Europäische Kommission (Hrsg): *Women in Science and Technology. The Business Perspective (WIST-Report),* Office for Official Publications of the European Communities, Luxemburg 2006, als PDF-Download unter http://ec.europa.eu/research/science-society/pdf/wist_report_final_en.pdf

Frenzel, Karolina; Müller, Michael; Sottong, Herman: *Bleibt Dornröschen ungeküsst? Eine Storytelling-Studie zum Thema Frauen und Führung,* 2001, als PDF-Download unter www.system-und-kommunikation.de/files/frauen_und_fuehrung.pdf

Haufe. Personal: *Personalmagazin benennt die »40 führenden Köpfe im Personalwesen«,* 23. August 2011, www.haufe.de/personal/newsDetails?newsID=1314031849.93

Henn, Monika: »Frauen können alles – außer Karriere«, in: *manager magazin,* www.manager-magazin.de/harvard/0,2828,637168,00.html

Holst, Elke; Wiemer, Anita: »Frauen in Spitzengremien großer Unternehmen weiterhin massiv unterrepräsentiert«, in: *Wochenbericht Deutsches Institut für Wirtschaftsförderung,* 4/2010, als PDF-Download unter www.diw.de/documents/publikationen/73/diw_01.c.346400.de/10 4.pdf

McKinsey: *Women Matter 1. Performancesteigerung durch Frauen an der Spitze,* 2007, als PDF-Download unter www.mckinsey.de/html/publikationen/women_matter/2007/women_matter_01.asp

McKinsey: *Women Matter 2. Führungsstärken der Frauen,* 2008, als PDF-Download unter www.mckinsey.de/html/publikationen/women_matter/2008/women_matter_02.asp

McKinsey: *Women Matter 3. Führungsqualitäten in der Krise,* 2009, als PDF-Download unter www.mckinsey.de/html/publikationen/women_matter/2009/women_matter_03.asp

McKinsey: *Women Matter 4. Wie Gender Diversity im Topmanagement erreicht wird,* 2010, als PDF-Download unter www.mckinsey.de/html/publikationen/women_matter/2010/women_matter_4.asp

Rastetter, Daniela: »Macht und Mikropolitik. Frauen müssen taktischer werden!«, in: *Positionen. Beiträge zur Beratung in der Arbeitswelt,* H. 2, 2009, als PDF-Download unter www.aufstiegskompetenz.de/downloads/rastetter_2009.pdf

Schmidli, Julian: »Warum ein Schweizer Reeder immer nur ›Ladies‹ einstellt«, in: *Spiegel online,* 16. August 2011, www.spiegel.de/karriere/berufsleben/0,1518,780022,00.html

Sciama, Yves: »Ein Hindernislauf. Von den Gepflogenheiten ihrer Grundschullehrer bis hin zu den Vorurteilen ihrer Forschungsleiter – die wissenschaftliche Karriere von Frauen ist mit einer Vielzahl von Hindernissen gepflastert«, in: *Research EU,* 4/2009, http://ec.europa.eu/research/research-eu/women/article_women40_de.html

Sprenger, Reinhard: »Frauen können alles – wären da nicht die Männer«, in: *Welt Online,* 18. März 2010, www.welt.de/die-welt/debatte/article6825317/Frauen-koennen-alles-waeren-da-nicht-die-Maenner.html

Kontaktadresse

Welche Erfahrungen haben Sie mit den »Spielregeln im Job« gemacht? Ich freue mich über einen Brief oder eine E-Mail von Ihnen an:

Isabel Nitzsche
Redaktionsbüro printTV
Redaktion – Training – Coaching
Pettenkoferstr. 24
80336 München
E-Mail: nitzsche@printTV.de

Isabel Nitzsche berät Angestellte, Führungskräfte und Selbstständige zu Fragen der beruflichen Weiterentwicklung und hält Vorträge und Workshops zu folgenden Themenschwerpunkten:

- Spielregeln im Job
- Networking
- Mentoring
- Konfliktmanagement
- Selbstmarketing
- Effektive Pressearbeit
- Medientraining

Weitere Infos unter www.printtv.de